任务引领

▶ 中等职业学校计算机网络技术专业试验教材

网络工程施工

王伟旗　主　编

束遵国　毛洪明　副主编

宋　旺　陆洁齐　参　编

U0310439

中国铁道出版社

CHINA RAILWAY PUBLISHING HOUSE

内 容 简 介

　　本书依据《上海市中等职业学校计算机网络技术专业教学标准》，以我国网络技术为背景，以网络工程施工为主线，重点培养学生实际操作技能。本书由布线图的读图和绘制、网线制作、结点模块制作、弱电系统连接线制作、机柜安装、线缆铺设、传输测试、光纤熔接技术 8 个单元构成。全书采用任务引领的写作手法和总体框架，每个单元由教学活动和项目实训等构成。

　　本书适合作为中等职业学校计算机网络相关专业的专业课程教材，也可作为网络综合布线工程技术人员的参考书。

图书在版编目（CIP）数据

网络工程施工 / 王伟旗主编.—北京：中国铁道
出版社，2010.8（2017.7 重印）
中等职业学校计算机网络技术专业试验教材
ISBN 978-7-113-11703-0

Ⅰ.①网… Ⅱ.①王… Ⅲ.①计算机网络—专业学校
—教材 Ⅳ.①TP393

中国版本图书馆 CIP 数据核字（2010）第 142431 号

书　　名：	网络工程施工
作　　者：	王伟旗　主编

策划编辑：	周　欢　刘彦会		
责任编辑：	周　欢		
编辑助理：	尚世博		
封面设计：	付　巍	封面制作：	白　雪
责任印制：	李　佳		

出版发行：中国铁道出版社（北京市西城区右安门西街 8 号　　邮政编码：100054）
印　　刷：北京明恒达印务有限公司
版　　次：2010 年 8 月第 1 版　　2017 年 7 月第 2 次印刷
开　　本：787mm×1092mm　1/16　印张：9.25　字数：211 千
印　　数：3 001～4 000 册
书　　号：ISBN 978-7-113-11703-0
定　　价：21.00 元

中等职业学校计算机网络技术专业试验教材编委会

主　　任：汪燊华

副主任：曹国跃　周岳山　肖　诩　严晓舟

委　　员：（按姓氏音序排列）

程征宇　黄斌华　黄毅峰　刘迎春

钱　雷　束遵国　孙良贻　王崇义

王伟旗　汪双顶

丛书主编　曹国跃
丛书副主编　王伟旗　王崇义

计算机网络技术专业核心课程教材主编一览表

教 材 名 称	主　编
网络工程施工	王伟旗
局域网组建	程征宇
网络管理	黄毅峰　张剑
数据库管理	黄斌华
动态网页技术应用	王崇义
网站系统维护	刘迎春　钱雷　陈天翔
网络产品销售与服务	汪双顶

为了贯彻教育部《2003—2007 年教育振兴行动计划》，加速培养一大批适应社会新一轮发展需要的知识型技能人才，上海市教育委员会在国内率先应用国际上先进的课程开发方法——DACUM①，开发了计算机网络技术等 42 个专业的教学标准。这为落实《国务院关于大力发展职业教育的决定》提出的"以服务为宗旨、以就业为导向"的办学方针和教育部提出的"以就业为导向、以能力为本位"的教育教学指导思想，迈出了坚实的一步。

本套"中等职业学校计算机网络技术专业试验教材"丛书，就是依据上海市教育委员会组织开发并制定的《上海市中等职业学校计算机网络技术专业教学标准》（以下简称《标准》）组织编写的。为了保证《标准》的落实和教学的高效，本套教材采用了先进的职业教育教材设计理念进行设计与编写。

计算机网络技术专业课程有 5 个特征。一是任务引领，即以工作任务引领知识、技能和态度，让学生在完成工作任务的过程中学习相关知识，发展学生的综合职业能力。二是结果驱动，即通过完成典型产品或服务，激发学生的成就动机，使学生获得完成工作任务所需要的综合职业能力。三是突出能力，即课程定位与目标、课程内容与要求、教学过程与评价都围绕职业能力的培养，涵盖职业技能考核要求，体现职业教育课程的本质特征。四是内容适用，即紧紧围绕工作任务完成的需要来选择课程内容，不强调知识的系统性，而注重内容的实用性和针对性。五是做学一体，即打破长期以来的理论与实践二元分离的局面，以任务为核心，实现理论与实践一体化教学。

在教材体系的确立上，按照职业岗位，为"计算机网络技术"专业设计了 7 门专业核心课程："网络工程施工"、"局域网组建"、"网络管理"、"数据库管理"、"动态网页技术应用"、"网站系统维护"、"网络产品销售与服务"。这不但较好地落实了职业教育"以就业为导向"的教学指导思想，也很好地实现了学科教育向职业教育的转变。

本套丛书在教材内容的筛选上，依据职业分析方法确定教学标准，在将最新成果纳入教材的同时，又充分考虑了国家职业教育学历标准和国家职业资格标准，实现了学历证书和职业资格证书的"双证"融通，为职业学校学生顺利地取得国家职业资格证书提供了条件。

在教材结构的设计上，本套丛书采用任务引领和项目训练的设计方式，不但符合职业教育实践导向的教学思想，还将通用能力培养渗透到专业能力教学当中。

每单元中的任务具体设计了以下几个板块。

🔘 **任 务 描 述**：从社会生活、工作需求中提取任务，描述任务完成的效果。

🔘 **任 务 分 析**：分析解决任务的思路，分析任务的难点。

🔘 **方 法 与 步 骤**：图文并茂地讲解完成任务的操作步骤。

🔘 **相关知识与技能**：讲解任务涉及的知识与技能、完成任务的其他操作方法、技巧等。

🔘 **拓 展 与 提 高**：讲解学生非常有必要了解，但任务未涉及的知识与技能（可选）。

🔘 **思 考 与 练 习**：根据教学需要、考试形式提出问题。

---

① DACUM——Developing A Curriculum，具体内容可参考《职业分析手册——DACUM Handbook》。

在任务完成过程的设计上，力求选择的任务来自于生产实际，并充分考虑其趣味性和能力的可迁移性，以保证学生在完成任务的过程中，有效地促进学生职业能力的发展以及就业后能快速符合实际工作岗位的要求。

本套教材无论从教学标准的开发、教材体系的确立、教材内容的筛选、教材结构的设计，还是任务的选择，都本着"立足上海，服务全国"的宗旨，并且得到了上海市教育委员会教学研究室的大力支持，倾注了各位职业教育专家、计算机教育专家、教师和中国铁道出版社各位编辑的心血，是我国职业教育教材为适应学科教育到职业教育、学科体系到能力体系两个转变进行的有益尝试。

本套教材如有不足之处，请各位专家、老师和广大读者不吝指正。希望通过本套教材的出版，为我国计算机网络技术职业教育的发展和人才培养做出贡献。

编委会

2010 年 6 月

前　言

进入 21 世纪，互联网技术已经融入到人们的学习、工作和生活中，并且以前所未有的发展速度渗透到社会的各个领域。通过网络获取大量的信息，是人们每天工作和学习必不可少的活动。网络工程施工课程也已成为中等职业学校计算机网络相关的专业必修课程。

本书以就业为导向，以职业生涯发展为目标，明确专业定位；以工作任务为线索，确定课程设置；以职业能力为依据，组织课程内容；以典型产品（服务）为载体，设计教学活动；以职业技能鉴定为参照，强化技能训练，以适应劳动就业和继续发展的需要。

本书由布线图的读图和绘制、网线制作、结点模块制作、弱电系统连接线制作、机柜安装、线缆铺设、传输测试、光纤熔接技术 8 个单元构成。全书采用任务引领的写作手法和总体框架，每个单元由教学活动和项目实训等构成。教学活动又由任务描述、任务分析、方法与步骤、相关知识与技能、拓展与提高、思考与练习组成。

其中，项目实训中项目等级评价请参考下面两个表。

等级说明表

等　　级	说　　　　　明
3	能高质、高效地完成此学习目标的全部内容，并能解决遇到的特殊问题
2	能高质、高效地完成此学习目标的全部内容
1	能圆满完成此学习目标的全部内容，不需任何帮助和指导

评价说明表

评　　价	说　　　　　明
优　秀	达到 3 级水平
良　好	达到 2 级水平
合　格	全部项目都达到 1 级水平
不合格	不能达到 1 级水平

本书的编写从任务着手，通过设计解决任务的方法与步骤，自主探究式地学习和实践，使学生在完成任务的过程中掌握知识和技能，培养提出问题、分析问题、解决问题的综合能力，以解决实际问题带动理论的学习和应用。所设置的任务体现了针对性、综合性和实践性。本书各单元的末尾均配有相关的项目实训，以提高学生的实际操作能力。

全书共安排了 72 个课时，其中第一单元 10 课时，第二单元 10 课时，第三单元 8 课时，第四单元 8 课时，第五单元 6 课时，第六单元 12 课时，第七单元 8 课时，第八单元 10 课时。

参加本书编写的作者是来自教学领域的一线教师，以及企业一线的工程技术人员，他们具有扎实的专业知识和丰富的教学实践经验。

本书由王伟旗主编，由曹国跃主审。参加编写的还有束遵国、毛洪明、陆洁齐、宋旺、全书由王伟旗统稿，上海市教委教学研究室的陈丽娟老师和上海企想信息技术有限公司的专业技术人员对本书的编写提供了指导性的帮助，在此一并表示感谢。由于水平有限，书中内容难免有不妥之处，请各位专家、老师和广大读者不吝赐教，在此表示感谢。

编　者
2010 年 6 月

目 录

单元一

布线图的读图和绘制

在综合布线施工过程中，各类图纸的读取、分析、绘制是非常重要的技术。

本单元主要任务：根据用户需求绘制综合布线系统图和施工图，并根据系统图确定材料预算表和端口编码表，学会使用各类绘图软件，如 AutoCAD 或 Visio 等。

能力目标

- 绘制综合布线系统图
- 制订端口编码表
- 制订材料预算清单

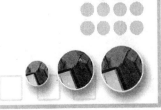

任务一　绘制综合布线系统图

任务描述

　　某综合布线承包商承接了一项综合布线工程，在进行施工前首先需要绘制综合布线系统图和施工图，现要求你来完成此项任务。首先要求你与用户进行沟通，了解用户的需求，并进行分析及相关技术论证，绘制综合布线系统图和施工图。

任务分析

　　在进行综合布线系统图和施工图的绘制前，首先需要进行用户需求分析，了解用户的实际需求，根据大楼平面图进行技术设计，并确定综合布线的路由走线以及进行技术可行性论证，最终绘制综合布线系统图和施工图。

方法与步骤

　　（1）与用户进行沟通，了解用户需求及大厦工作区数量、用途。在进行用户需求分析时，必须在满足当前需求的情况下，留有一定的发展空间，并且需要在整体设计的前提下，充分发挥综合布线系统的兼容性，将语音、数据、监控、消防等设备集中在一起进行考虑。

　　所谓用户需求分析是指首先从建筑物的用途开始分析，然后按照楼层分析，最后再到楼层的各个工作区，逐步确认每层和每个工作区的用途和功能，分析每个工作区的需求，规划工作区的信息点数量和位置。

　　（2）了解建筑物类型及工作区面积的划分情况，工作区的面积根据实际需求会有不同的划分方式，如图1-1-1所示。

建筑物类型及功能	工作区面积/m²
网管中心、呼叫中心、信息中心等终端设备较为密集的场地	3~5
办公区	5~10
会议、会展	10~60
商场、生产机房、娱乐场所	20~60
体育场馆、候机室、公共设施区	20~100
工业生产区	60~200

图 1-1-1　建筑物类型及工作区面积

（3）确定了工作区面积后，可根据实际的工作区面积来确定每个工作区所需要的信息点的个数，如图1-1-2所示。

工作区类型及功能	安装数量	
	数据	语音
终端设备密集场地	1～2 个/工作台	2 个/工作台
人员密集场所	1～2 个/工作台	2 个/工作台
独立办公室	2 个/间	2 个/间
小型会议室、商务洽谈室	2～4 个/间	2 个/间
大型会议室、多功能厅	5～10 个/间	2 个/间
大于 5000m² 的大型超市或者卖场	1 个/100m²	1 个/100m²
2000～3000m² 中小型卖场	1 个/30～50m²	1 个/30～50m²
餐厅、商场等服务业场所	1 个/50m²	1 个/50m²
宾馆标准间	1 个/间	1～3 个/间
学生公寓（4 人间）	4 个/间	4 个/间
公寓管理室、门卫室	1 个/间	1 个/间
数学楼教室	1～2 个/间	
住宅楼	1 个/套	2～3 个/套

图 1-1-2 工作区信息点分配规则

（4）确定了工作区信息点布放规则后，可根据实际情况进行分配，并制订信息点数据统计表，如图1-1-3所示。

某公司办公大楼网络综合布线信息点数量统计表																					
楼层编号	房间编号																		数据点数合计	语音点数合计	数据点数总计
	01		02		03		04		05		06		07		08		09				
	数据	语音	数据	语音	数据	语音	数据	语音	数据	语音	数据	语音	数据	语音	数据	语音	数据	语音			
一层	3	3	5	5	24	1	1	1	1	1	1	1							35	12	47
二层	3	3	5	5	5	5	5	5	5	2	5	5			2	2			30	27	57
三层	3	3	5	5	5	5	5	5	2	2	2	2	2	2	2	2	2	2	28	28	56
																	总计:		93	67	160

图 1-1-3 信息点数据统计表

（5）根据信息点数据统计表，可采用绘图软件来进行综合布线系统图的绘制，在系统图的绘制中需要在图中标出各种图例的说明，如图1-1-4所示。

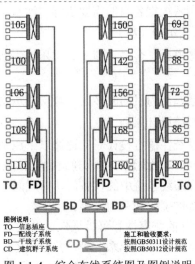

图例说明：
TO—信息插座
FD—配线子系统
BD—干线子系统
CD—建筑群子系统

施工和验收要求：
按照GB50311设计规范
按照GB50312设计规范

图 1-1-4 综合布线系统图及图例说明

（6）完成了综合布线系统图的绘制后，可采用 AutoCAD 或者 Visio 工具进行综合布线施工图的绘制，进行路由走线和具体安装位置的确定，如图 1-1-5 所示。

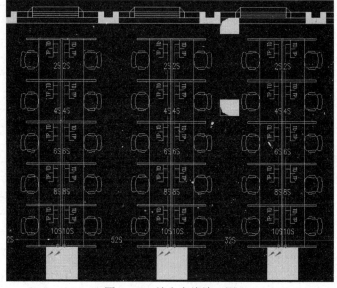

图 1-1-5　综合布线施工图

相关知识与技能

建筑物类型

在设计综合布线系统时，应先确定建筑物的功能类型，即智能大厦承担哪方面的功能。由于目前建筑物的功能各异，一般可分为以下几类：

1．专用办公楼

具体包括政府机关办公楼、跨国公司办公楼、金融（银行、证券、期货、保险等）办公楼和科教文卫（研究院、研究所、学校、医院等）办公楼。

2．出租办公楼

主要是由房产商投资兴建，然后出租或者出售。楼内的公用设施一次建成，出租或者出售的房间由使用者根据各自的需要进行二次装修。

3．综合型建筑物（群）

主要是指集办公、金融、商业、娱乐、生活于一体的多功能的建筑物（群）。

4．住宅楼

主要以生活起居为目的的多层、高层建筑物。

综合布线系统设计原则

综合布线系统在进行设计时应遵循以下原则：

① 将综合布线系统设计纳入建筑物整体规划、设计和建设中。在进行新建筑物的设计时，应确认综合布线系统中的设备间、管理间、竖井、水平干线子系统和垂直干线子系统的管道走线路由等的位置和空间大小。

② 系统设计的兼容性和可扩展性。在设计综合布线系统时，应能兼容各种系统，包括语音系统、数据系统、监控系统等，并且要考虑到未来的发展，需要预留一定的空间。

③ 系统设计要有一定的超前意识。在系统设计时，应使用成熟的技术，但在设计时也

应具有一定的超前意识，即智能大厦在建设完成后的一段时间内该建筑物应具有领先性。

④ 系统设计过程中应考虑工程的性价比，并要求建设完成后，系统方便管理和维护。设计过程中，在满足用户要求的前提下，应尽可能节约成本，使有限资源发挥最大的功效，并且要求在设计建设完成后，用户方便管理和维护。

综合布线系统设计步骤

综合布线系统设计的步骤一般需要经历七个步骤，分别是：

① 用户需求分析；

② 获得智能大厦的平面图；

③ 综合布线系统技术设计；

④ 综合布线路由走线设计；

⑤ 设计方案可行性论证；

⑥ 绘制综合布线施工图；

⑦ 编制综合布线工程材料清单。

综合布线工程施工流程

综合布线系统设计完成后，需要对施工流程进行整体设计和安排。首先必须确认工程的施工流程，并需要确认相关的管理制度、要求和原则。综合布线工程的施工流程一般包括施工准备阶段、线缆布放阶段、设备安装阶段和系统测试验收阶段。

1．施工准备阶段

施工准备阶段的工作具体包括布线工程实地勘测、深化设计方案、相关技术方案的可行性论证、施工技术交底、材料和设备的采购、检测等。

2．线缆布放阶段

线缆布放阶段的工作包括管线预埋、预留施工、管道隐蔽工程记录与验收、相关线缆材料进场验收、线缆的敷设、检测、记录和验收等。

3．设备安装阶段

设备安装阶段的工作包括设备进场检验、设备安装、管理间、设备间设备安装和机房设备安装等。施工过程有以下要求：

施工前应对所安装的设备进行全面的了解，设备进场后应及时检查设备的型号规格、数量、标志、标签、产品合格证、产地证明、说明书、技术文件资料等是否符合要求，设备性能是否达到设计要求和项目需要；认真阅读设备安装说明书；由专业技术工程师指导施工人员进行样机的安装施工；设备通电运行前必须仔细检查线路情况，避免短路烧坏设备；严格按照设备接线图进行接线；设备通电由专业项目负责人把关，确保万无一失；设备安装位置应符合设计要求，便于安装和施工。

4．系统测试验收阶段

系统测试和验收阶段的工作包括综合布线系统测试、竣工资料整理及交付、系统自检及整改、系统培训、竣工验收和交付使用等。

综合布线施工安全注意事项

综合布线施工安全有以下注意事项：

① 施工人员进入施工现场前，对其进行安全生产教育；并在每次调度会上，都将安全

生产放到议事日程上，做到处处不忘安全生产，时时注意安全生产。

② 施工现场工作人员必须严格按照安全生产、文明施工的要求，积极推行施工现场的标准化管理，科学组织施工。

③ 按照施工总平面图设置临时设施，严禁侵占场内道路及安全防护等设施。

④ 施工现场全体人员必须严格执行《建筑安装工程安全技术规程》和《建筑安装工人安全技术操作规程》。

⑤ 施工人员应正确使用劳动保护用品，进入施工现场必须戴安全帽，高处作业必须拴安全带，严格执行操作规程和施工现场的规章制度，禁止违章指挥和违章作业。

⑥ 施工用电、现场临时线路、设施的安装和使用必须按照建设部颁发的《施工临时用电安全技术防范》（JGJ46—1988）的规定操作，严禁私自拉电或带电作业。

⑦ 使用电气设备、电动工具应可靠保护接地，随身携带和使用的工具应搁置于顺手稳妥的地方，防止发生事故。

⑧ 高处作业必须采取防护措施，并符合《建筑施工高处作业安全技术规范》JGJ80—1991的要求。

⑨ 施工用的高凳、梯子、人字梯、高架车等，在使用前必须认真检查牢固性。梯外端应采取防滑措施，并不得垫高使用。在通道处使用梯子，应有人监护或设围栏。

⑩ 人字梯距梯脚 40～60cm 处要设拉绳，施工中，不准站在梯子最上一层工作，且严禁在此放置工具和材料。

⑪ 吊装作业前，机具、吊索必须经严格检查，禁用不合格的工具，防止发生事故。

⑫ 在竖井内作业，严禁随意蹬踩电缆或电缆支架，在井道内作业，要有充分照明。

⑬ 遇到不可抗力的因素（如暴风、雷雨），影响某些作业施工安全时，按有关规定办理停止作业手续，以保障人身、设备等安全。

⑭ 当发生安全事故时，由安全生产领导小组负责检查原因，提出改进措施，上报项目经理，由项目经理与有关方面协商处理。发生重大安全事故时，应立即报告有关部门和建设方，按政府有关规定处理。

⑮ 安全生产领导小组负责现场施工技术的安全检查和督促工作，并做好记录。

拓展与提高

（1）Microsoft Visio 可以根据工程项目需要，灵活地创建简单或复杂的布线系统图和施工图。图 1-1-6 所示为 Visio 2003 的启动界面。

图 1-1-6　Microsoft Visio 启动界面

（2）运行 Microsoft Visio 2003 后，在主界面左侧有各种各样的模板类型，如 Web 图表、地图、电气工程、工艺工程等，如图 1-1-7 所示。

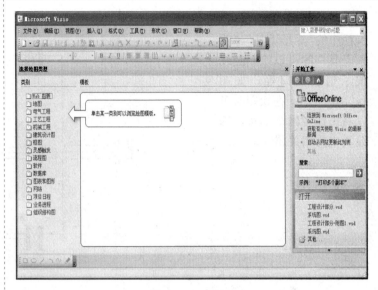

图 1-1-7　主界面

（3）选择"文件"菜单下"新建网络模板类型"子菜单，然后选择其中的"基本网络图"命令，如图 1-1-8 所示。

图 1-1-8　网络模板类型

（4）利用界面左侧形状窗格中的"计算机和显示器"以及"网络和外设"选项，将相关的网络设备拖动到绘图页上，形成相关图表，如图 1-1-9 所示。

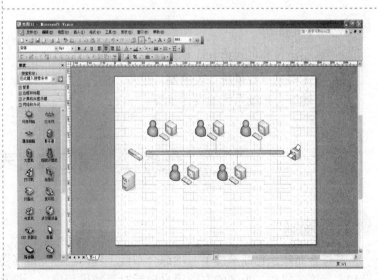

图 1-1-9　绘制结构图

（5）使用"绘图"工具栏中的"矩形工具"、"线条工具"等可以绘制配线架、信息端口等，如图1-1-10所示。在绘图时可以右击任意网络形状，修改其中的相关属性。

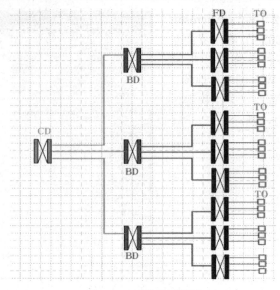

图 1-1-10　绘制系统图

（6）在进行系统图绘制后需要对图例进行说明，如图1-1-11所示。

图例说明

CD：建筑群布线系统配线架

BD：建筑物布线系统配线架

FD：建筑物楼层管理间布线系统配线架

TO：综合布线系统数据信息点

图 1-1-11　图例说明

思考与练习

1. 简述用户需求分析具体包括哪些内容。
2. 简述信息点数量统计表的制订过程。
3. 简述综合布线系统的设计步骤。

▶ 任务二　端口编号表

任务描述

某综合布线承包商承接了一项综合布线工程，已经完成了主体设计、管线铺设、线缆铺设和实际施工操作，为了能方便用户日后对系统进行维护、管理和使用，需要你提供一份关于布线端口与连接设备的对应表，即端口编号表。

任务分析

该项目的整体施工已完成，需要为用户提供一份端口编号表，该表中需要标明具体的房间名称、信息点编码、所属配线架机柜的编号、并需要标明是否进行了测试。

为了能顺利完成此项任务，需要进行的准备工作包括：

① 在施工过程中搜集整理相关资料，并进行记录。

② 施工完成后将记录与施工图进行对照，制定端口编号表。

方法与步骤

（1）根据综合布线施工图，进行读图，确定每个信息点的位置和连接走线路由，并对照相关记录进行端口位置核对，施工图如图1-2-1所示。

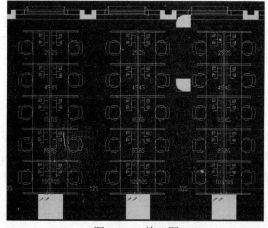

图 1-2-1 施工图

（2）根据施工图和具体记录，制定端口编号表，在该表中需要注释相关的房间名称、房间编号、信息点所属机柜编号、所属配线架编号、以及具体信息点的编号，编号表如图1-2-2所示。

序号	房间名称	房间编号	机柜编号	FD配线架编号	信息点编号	测试记录
1	会议室	101	1	1	1-1-101-1	
			1	1	1-1-101-2	
2	市场部	102	1	1	1-1-102-1	
			1	1	1-1-102-2	
3	销售部	103	1	2	1-2-103-1	
			1	2	1-2-103-2	
4	财务部	104	1	2	1-2-104-1	
5	采购部	105	1	2	1-2-105-1	
			1	2	1-2-105-2	
6	工程部	106	2	1	2-1-106-1	
			2	1	2-1-106-2	
7	生产部	107	2	1	2-1-107-1	
			2	1	2-1-107-2	
8	维修部	108	2	1	2-1-108-1	
9	员工办公室	109	2	2	2-1-109-1	
			2	2	2-2-109-2	
			2	2	2-2-109-3	
			2	2	2-2-109-4	
10	市场部办公区	110	2	2	2-2-110-1	
			2	2	2-2-110-2	

图 1-2-2 端口编号表

相关知识与技能

综合布线管理

综合布线管理一般包括两类，即逻辑管理和物理管理。逻辑管理是通过布线管理软件和电子配线架来实现的，通过以数据库和 AutoCAD 图形软件为基础制成的一套文档记录和管理软件，实现数据录入、网络更改、系统查询等功能，使用户随时拥有更新的电子数据文档，这需要网管人员时时根据网络的变更及时将信息录入到数据库。物理管理就是现在普遍使用的标识管理系统。

综合布线管理需要遵循的标准主要包括 EIA/TIA-606 标准和 UL969 标准，其中的 EIA/TIA-606 标准，即《商业及建筑物电信基础结构的管理标准》，其目的是提供与应用无关的统一管理方案，为使用者，最终用户、生产厂家、咨询者、承包人、设计者、安装人和参与电信基础结构或有关管理系统设施的人员建立准则。其用途是对电信设备、布线系统、终端产品和通路／空间部件等电信基础结构进行管理，其中完整有效地标识系统是上述管理的重要手段之一。

需要进行标识的位置包括：

① 线缆标识——水平和主干子系统电缆在每一端都要标识。

② 跳接面板/110 块标识——每一个端接硬件都应该标记一个标识符。

③ 插座/面板标识——每一个端接位置都要被标记一个标识符。

④ 路径标识——路径要在所有位于通信柜、设备间或设备入口的末端进行标识。

⑤ 空间标识——所有的空间都要求被标识。

⑥ 结合标识——每一个结合终止处要进行标识。

六种标识方法相互联系互为补充，每种标识的方法及使用的材料又各有各的特点。像线缆的标识，要求在线缆的两端都进行标识，严格的话，每隔一段距离都要进行标识以及要在维修口、接合处、牵引盒处的电缆位置进行标识。空间标识和结合标识要求清晰、醒目，让人一眼就能注意到。插座/面板标识除了清晰、简洁易懂外，还要美观。

另一个标准，即 UL969，其中的 UL 是指美国保险商实验室，它是一个独立的非营利性质的产品安全试验和认证的组织。该组织成立于 1894 年，自成立之日起，就成为为美国产品安全和认证的领导者，并持续至今，UL969 定义了布线标签的材料的要求。

标识类型

（1）粘贴型

粘贴标签应满足 UL969 中规定的清晰、磨损性和附着力的要求。还应满足 UL969 中规定的室内一般外露使用的要求。厂房外使用的标签应满足 UL969 中规定的室内室外外露要求，如图 1-2-3 所示。

（2）插入型

插入标签应满足 UL969 中规定的清晰、磨损性和一般外露要求。设备外的标签应满足 UL969 中列出的室内和室外的要求。插入标签根据标记单元，在正常操作和使用情况下应牢固地放置到位。

（3）其他

其他标签包括以不同方法粘贴的特殊用途的标签。

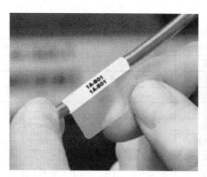

图 1-2-3　标识

思考与练习

1．简述综合布线管理包括几类？
2．简述需要进行标识的位置。
3．简述标识类型。

任务三　测算布线材料

任务描述

某综合布线承包商承接了一项综合布线工程，前期已经完成了用户走访，需求分析，综合布线系统图和施工图的绘制，现需要你进行工程材料统计和基本预算制订，并要求制订材料统计表和预算表。

任务分析

工程系统图和施工图都已经完成，现需要通过市场调查选取适合项目的材料，并根据实际需求确定材料统计表和预算表。

为了能顺利完成此项任务，需要进行的准备工作包括：

① 进行用户需求分析，了解用户的实际需求。
② 进行市场调查，选择合适的材料类型。
③ 材料真伪辨别和基本寻价工作。

方法与步骤

（1）首先根据用户需求分析确定所需材料的种类，并进行市场调查，对各种材料的真伪辨别方法、基本价格有一个全面的了解，方便进行材料选择。

（2）根据市场调查和用户需求分析，制定材料统计表，如图1-3-1所示。

序号	材料名称	材料规格	数量	说明
1	标准机柜	2米机柜	5台	管理间使用
2	底盒	明盒，86系列底盒	20个	
3	信息面板	双口，86系列	15个	
4	信息面板	单口，86系列	5个	
5	信息模块	RJ-45	20个	
6	语音模块	RJ-11	15个	
7	PVC线槽	60×40，白色	20米	
8	阴角	60×40，白色	1个	
9	PVC管	Φ20，白色	30米	
10	直通	Φ20，白色	3个	
11	弯头	Φ20，白色	2个	
12	双绞线	CAT5E	5箱	

图1-3-1　材料统计表

（3）确定了材料统计表后，可进行市场寻价，根据实际价格确定材料预算统计表，如图1-3-2所示。

序号	材料名称	材料规格	数量	单价	合计
1	标准机柜	2米机柜	5台	1200	6000
2	底盒	明盒，86系列底盒	20个	3	60
3	信息面板	双口，86系列	15个	7	105
4	信息面板	单口，86系列	5个	5	25
5	信息模块	RJ-45	20个	10	200
6	语音模块	RJ-11	15个	8	120
7	PVC线槽	60×40，白色	20米	5	100
8	阴角	60×40，白色	1个	3	3
9	PVC管	Φ20，白色	30米	5	150
10	直通	Φ20，白色	3个	3	9
11	弯头	Φ20，白色	2个	2	4
12	双绞线	CAT5E	5箱	600	3000

图1-3-2　材料预算统计表

（4）根据材料预算统计表和相关资料确定布线工程材料需求报告，并制定工程材料预算表。

相关知识与技能

综合布线产品及选择原则

我国最早从美国引进综合布线系统这一理念，因此市场上最早的综合布线产品主要是美国的品牌。随着市场的扩大和发展，欧洲等地的产品也相继进入了中国市场，此外国内的各个综合布线厂商也分别推出了各自的产品。目前进入国内市场的国外布线厂商包括有Avaya、3M、西蒙、AMP、康普等，国内的厂商则有普天、TCL、大唐电器等。

综合布线产品的选择原则包括：

① 选择主流成熟的产品；

② 在同一个布线工程中尽量选择同一个品牌的产品；

③ 根据环境选择布线产品；

④ 根据用户要求选择布线产品；

⑤ 选取的产品必须符合布线的相关标准；

⑥ 应综合考虑产品的性能价格比；

⑦ 考虑产品的售后服务。

水平子系统所需线缆箱数确定

水平布线子系统由建筑物各层的配电间与各工作区之间的配置线缆所构成。综合布线系统的水平子系统多采用 3 类、5 类双绞线或更高级别的线缆。这种双绞线具有工作区中的语音、数据、图像传输所要求的物理特性。对于用户有高速率终端要求的场合，可采用光纤直接布设到桌面的方案。

在进行水平子系统材料预算统计时，需要首先确定所使用线缆的类型，然后确定所需线缆的长度（即箱数），最后确定相关的布线方式。

确定水平子系统所需线缆长度的方法如下：

① 确定布线方法和线缆走向；

② 确定配线间所管理的区域；

③ 确定离配线间最远的信息插座的距离；

④ 确定离配线间最近的信息插座的距离；

⑤ 平均电缆长度=两条电缆的总长/2。

⑥ 总电缆长度=平均电缆长度+备用部分(平均长度的 10%)+端接冗余(5～10m)。

⑦ 估算总订购线缆箱数=电缆总长度/305m。

材料预算统计表制订实例

例题：一栋 6 层楼，每层 100 个信息点，每层的长 40m，宽 30m，高 4m，弱电竖井正好在每层的中央，计算机房在三层，程控交换机房在二层，各机房都离竖井比较近。请估算这座大厦所需综合布线的材料清单。

1. 估算水平子系统用线量

水平系统全部采用 5 类无屏蔽双绞线，每层总用线量计算如下：

因为不清楚每一层的信息点分布情况，仅仅知道信息点的数量，我们只有估计信息点到管理子系统（弱电竖井）的平均距离，我们假设最远点为距离竖井 25m 处，最近点距离竖井 5m 处，那么信息点的平均距离=（25m+5m）/2=15m。所以每层的用线量估算如下：（15m+1.5 m+6m）×100=2250m。又因为每一箱双绞线的标准长度是 1000ft（约305m），所以用每层用线量除以 305m，就可以得到每层订购箱数为 7.4 箱（仅仅是估算方法）。

那么本楼水平系统的总用线量为：7.4×6＝44.4 箱，所以订购数量为 45 箱（这是最保守估计，实际应用中用线量可能超过 45 箱）。

2. 计算配线架的用量

因为楼层并不算很高，信息点数量也不多，干线系统均采用多对双绞线。假设语音、数据系统各有 50 个信息点，配线架的最小规格是 100 对。根据管理间子系统的设计方法计算的配线架数量如表 1-1 所示。

表 1-1　配线架数量

	语　音	数　据
进线	100 对	200 对
出线	200 对	200 对

所以每层需要 100 对配线架 7 个，管理子系统配线架总的用量为 6×7 = 42 个。

3．计算垂直系统的用线量

计算垂直系统的用线量主要看配线架进线数量，语音系统采用三类 25 对双绞线，数据系统采用 25 对五类双绞线。25 对双绞线也被称为是大对数电缆或大对数干线电缆，大对数电缆为 25 线对（或者更多）成束的电缆结构，在外观上看，为直径更大的的单根电缆，它也同样采用颜色编码进行管理，每个线对束都有不同的颜色编码，同一束内的每个线对又有不同的颜色编码。以 25 对大对数电缆为例颜色编码分为主色（白、红、黑、黄、紫）和副色（蓝、橙、绿、棕、灰），将主副色按照顺序两两搭配，就能形成了 25 种颜色，即白兰、白橙、白绿、白棕、白灰、红兰、红橙、红绿、红棕、红灰、黑兰、黑橙、黑绿、黑棕、黑灰、黄兰、黄橙、黄绿、黄棕、黄灰、紫兰、紫橙、紫绿、紫棕、紫灰。因为每层按照 50 个语音点计算，每个语音点按照一对线考虑，所以语音干线每层需要 3 根 25 对双绞线，楼高 4m，假设每根大对数双绞线的平均长度 =[(4+4+ 4)+4]/2+1.5+6 =15.5m。

4．设备间系统配线架的数量

假设语音、数据系统各 300 个信息点，总配线架上有 10% 的余量，则计算结果如表 1-2 所示。

表 1-2　设备间配线架数量

	语　音	数　据
进线		700 对
出线	400 对	700 对

设备间语音系统进线的配线架用量需要根据用户申请的电话数量确定。订购时可以确定 300 对配线架 5 个，100 对配线架 3 个。

5．系统总的设备清单（如表 1-3 所示）

表 1-3　总的设备清单

序　号	设　备　名　称	数　量	序　号	设　备　名　称	数　量
1	8 芯双绞线	45 箱	6	25 对多对数双绞线五类	2 轴
2	300 对配线架	5 个	7	设备间 1.8m 机柜	1 个
3	100 对配线架	45 个（42+3）	8	工具	1 套
4	模块及插座	600 套	9	消耗材料	1 批
5	25 对多对数双绞线三类	1 轴			

采用不同厂家的设备，总的造价会有所不同。系统总造价（包括设备费用、施工费用等）在 25 万左右。本例题仅作为估计系统造价时的简单计算之用，不能作为实际应用中的工程设计。

思考与练习

1. 简述综合布线产品的选择原则。
2. 简述水平子系统所需线缆长度计算方法。
3. 简述水平子系统材料预算步骤。

▶ 项目实训 综合布线系统相关图纸表格制定

📖 项目描述

学会使用绘图工具进行综合布线系统图和施工图的绘制，并能制定端口编号表和材料预算统计表。

✍ 项目要求

① 使用 Visio 进行综合布线系统图和施工图的绘制，并能进行相关的修改操作。
② 能制定端口编号表和材料预算统计表。

📝 项目提示

在进行材料预算时需要进行前期的市场调查。

📋 项目评价

项目实训评价表

内 容		评 价		
学 习 目 标	评 价 项 目	3	2	1
职业能力	使用绘图软件绘制系统图和施工图	能绘制系统图			
		能绘制施工图			
	能制定端口编码表和材料预算表	能制定端口编码表			
		能制定材料预算表			
通用能力	动手能力				
	解决问题能力				
综合评价					

单元二

网线制作

网线制作是网络工程施工过程中最基本的一项操作技能，具体包括双绞线网线制作和光纤连接线制作。

由于施工工程需要，现需要制作多根双绞线网线和光纤连接线。

本单元主要任务：了解网线、光纤的种类和各种技术指标，学会使用各种工具制作双绞线网线和光纤连接线，并能进行简单的测通操作。

能力目标

- 直通网线制作
- 交叉网线制作
- 光纤连接线制作

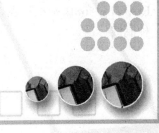

任务一 制作标准网线

任务描述

公司销售部门新招聘了一部分销售人员，并为每位销售人员配备了计算机。现要求你制作多根网线用于计算机与交换机之间的连接及交换机与交换机之间的级联。

任务分析

由于新进人员较多，因此需要为销售部门新增一台交换机，将该交换机与原先的交换机进行连接，并需要使用多根网线将新进人员的计算机与交换机进行连接。

为了能顺利完成此项任务，需要进行的准备工作包括：

① 了解网线的种类，通过和用户进行沟通，选取适合此项任务的网线类型；

② 了解网线制作所需要的工具和基本的制线标准；

③ 学会使用各类工具制作网线。

方法与步骤

（1）为了完成此项任务，首先需要了解线缆的种类和相关技术指标。目前有线网络中的线缆主要包括：双绞线电缆（也就是平时说的网线）、光纤和同轴电缆。图 2-1-1 所示为双绞线电缆。

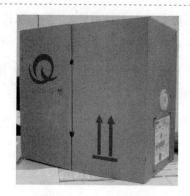

图 2-1-1 双绞线电缆

（2）在完成此项任务前，还需要了解网线的基本制线标准，一般有两种制线标准，分别是 EIA/TIA 568A 标准和 EIA/TIA 568B 标准，图 2-1-2 所示为两种制线标准。

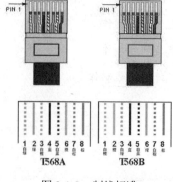

图 2-1-2 制线标准

（3）了解了上述两项基本内容后，需要准备基本工具及耗材：工具包括剥线器、制线钳、测通仪等；耗材包括双绞线、RJ-45 水晶头等，如图 2-1-3 所示。

图 2-1-3　工具耗材准备

（4）首先使用制线钳的剪线口剪取适当长度的双绞线，如图 2-1-4 所示。

图 2-1-4　剪线

（5）使用剥线器对双绞线进行剥线操作，剥线时注意用力不应过猛，防止剥线器在剥线时伤到双绞线内芯，如图 2-1-5 所示。

图 2-1-5　剥线

（6）剥线完成后需要拆分线对，将 4 对双绞线进行拆分，如图 2-1-6 所示。

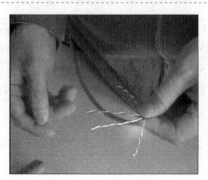

图 2-1-6　拆分线对

（7）将 4 对双绞线拆成 8 根铜芯（见图 2-1-7），并按照 EIA/TIA568B 标准进行排序，基本线序是白橙、橙、白绿、蓝、白蓝、绿、白棕、棕。

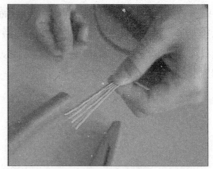

图 2-1-7　排线

（8）使用制线钳的剪刀进行剪线操作，注意剪线完成后 8 根铜芯应该保持水平，如图 2-1-8 所示。

图 2-1-8　剪线

（9）剪线后的效果图如图 2-1-9 所示。

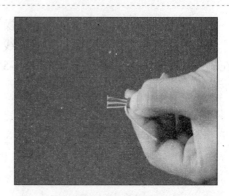

图 2-1-9　效果图

（10）剪线完成后，可以将双绞线插入 RJ-45 水晶头，插入时注意水晶头铜片向上，双绞线插入水晶头内部，在水晶头前端可以看到 8 根铜芯，如图 2-1-10 所示。

图 2-1-10　安装水晶头

（11）使用制线钳对 RJ-45 水晶头进行压制，如图 2-1-11 所示。

图 2-1-11 压制

（12）压制完成后，在双绞线的另一端使用同样的方法进行双绞线与 RJ-45 水晶头的连接操作，成品如图 2-1-12 所示。

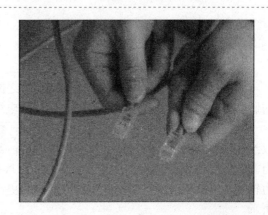

图 2-1-12 成品

（13）在此项任务中所需要的网线包括直通网线和交叉网线。所谓直通网线就是线缆两端均采用统一标准，如均采用 EIA/TIA568B 标准，交叉网线则是线缆两端分别采用不同的标准，即一端采用 EIA/TIA568A 标准，另一端采用 EIA/TIA568B 标准，具体连接方式如图 2-1-13 所示。

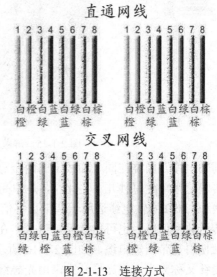

图 2-1-13 连接方式

（14）网线制作完成后，可使用简易的测通仪对网线进行测通。将网线一端连接到测通仪的主机端，另一端连接到测通仪的另一端，开启测通仪的电源，查看指示灯的闪烁情况，判断网线制作情况，如图2-1-14所示。

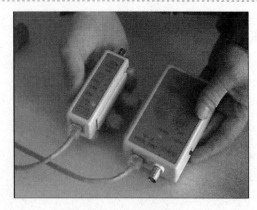

图 2-1-14　测通

相关知识与技能

1．网络传输介质

网络传输介质是网络中发送方与接收方之间的物理通路，它对网络的数据通信具有一定的影响。常用的传输介质有：双绞线、同轴电缆、光纤、无线传输媒介。

双绞线是由两根绝缘导线相互缠绕而成，将一对或多对双绞线放置在一个保护套便成了双绞线电缆。双绞线既可用于传输模拟信号，又可用于传输数字信号。双绞线根据结构可分为非屏蔽双绞线 UTP 和屏蔽双绞线 STP。非屏蔽双绞线价格便宜，传输速度偏低，抗干扰能力较差；屏蔽双绞线抗干扰能力较好，具有更高的传输速率，但价格相对较贵，如图 2-1-15 所示。

图 2-1-15　屏蔽双绞线和非屏蔽双绞线

同轴电缆是由绕在同一轴线上的两个导体组成的，具有抗干扰能力强，连接简单等特点，信息传输速率可达每秒几百兆比特，是中高档局域网的首选传输介质。同轴电缆分为 50Ω 和 75Ω 两种。50Ω 同轴电缆适用于基带数字信号的传输；75Ω 同轴电缆适用于宽带信号的传输，既可传送数字信号，也可传送模拟信号。在需要传送图像、声音、数字等多种信息的局域网中，应使用宽带同轴电缆，如图 2-1-16 所示。

光纤又称为光缆或光导纤维，由光导纤维纤芯、玻璃网层和能吸收光线的外壳组成，具有不受外界电磁场的影响，无限制的带宽等特点，可以实现每秒几十兆比特的数据传送，尺寸小、重量轻，数据可传送几百千米，但价格昂贵，如图 2-1-17 所示。

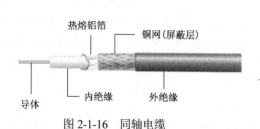

图 2-1-16 同轴电缆

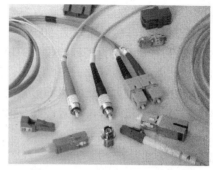

图 2-1-17 光纤连接线及连接器

除了上述的几种有线传输介质外还有多种无线传输介质，具体包括无线电波、微波、红外线等。

2．双绞线的分类

双绞线是采用了一对互相绝缘的金属导线互相绞合的方式来抵御一部分外界电磁波干扰。把两根绝缘的铜导线按一定密度互相绞在一起，可以降低信号干扰的程度，每一根导线在传输中辐射的电波会被另一根线上发出的电波抵消，"双绞线"的名称也是由此而来的。双绞线电缆是将多对双绞线包在一个绝缘电缆套管里，典型的双绞线为 4 对，也有更多对双绞线放在一个电缆套管里的。

双绞线按照性能指标可分为一类线、二类线、三类线、四类线、五类线、超五类线、六类线、超六 A 类线及七类线，具体线缆情况如下：

一类线：主要用于传输语音（一类标准主要用于 20 世纪 80 年代初之前的电话线缆），不同于数据传输。

二类线：传输频率为 1MHz，用于语音传输和最高传输速率 4Mbit/s 的数据传输，常见于使用 4Mbit/s 规范令牌传递协议的旧的令牌网。

三类线：指目前在 ANSI 和 EIA/TIA568 标准中指定的电缆，该电缆的传输频率 16MHz，用于语音传输及最高传输速率为 10Mbit/s 的数据传输主要用于 10BASE-T。

四类线：该类电缆的传输频率为 20MHz，用于语音传输和最高传输速率 16Mbit/s 的数据传输主要用于基于令牌的局域网和 10BASE-T/100BASE-T。

五类线：该类电缆增加了绕线密度，外套一种高质量的绝缘材料，传输频率为 100MHz，用于语音传输和最高传输速率为 10Mbit/s 的数据传输，主要用于 100BASE-T 和 10BASE-T 网络，这是最常用的以太网电缆。

超五类线：超五类具有衰减小，串扰少，并且具有更高的衰减与串扰的比值(ACR)和信噪比(structural return loss)、更小的时延误差，性能得到很大提高，超五类线主要用于千兆以太网（1000Mbit/s）。

六类线：该类电缆的传输频率为 1～250MHz，六类布线的传输性能远远高于超五类标准，最适用于传输速率高于 1Gbit/s 的应用。六类标准中取消了基本链路模型，布线标准采用星形的拓扑结构，要求的布线距离为：永久链路的长度不能超过 90m，通道长度不能超过 100m。

超六 A 类线：2003 年，美国的 TIA 组织应 IEEE 组织的请求开始研究能够传输万兆以太网的水平双绞线，终于在 2008 年颁布了超超六 A 类布线产品的性能参数标准。它与万兆以太网（铜缆）标准（IEEE 802.3an）一起，共同填补了万兆以太网传输缆线中只有光纤的遗憾，也为七类水平双绞线应用于万兆以太网奠定了基础。随着超 6A 类布线标准（TIA 568B2.10）的颁布，传输带宽为 500MHz 的水平双绞线、模块和跳线正式成为综合布线系统家族中的新生力量，也为工程验收中的测试（信道、永久链路）提供依据。

七类线：与四类、五类、超五类、六类和超六 A 类相比，七类具有更高的传输带宽，至少为 600MHz。不仅如此，七类布线系统与以前的布线系统不同，采用的不再是廉价的非屏蔽双绞线，而是采用双屏蔽的双绞线。ISO 组织再次确认七类标准分为"RJ 型"接口及"非 RJ 型"接口两种模式。

3．制线标准

网线的制线标准，一般有两种，分别是 EIA/TIA 568A 标准和 EIA/TIA 568B 标准。EIA/TIA 568A 的基本线序是白绿、绿、白橙、蓝、白蓝、橙、白棕、棕。EIA/TIA 568B 的基本线序是白橙、橙、白绿、蓝、白蓝、绿、白棕、棕，如图 2-1-18 所示。

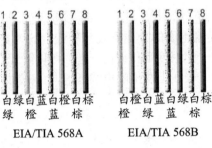

图 2-1-18　制线标准

4．网线分类及应用场合

网线根据连接设备不同，可分为直通网线和交叉网线，接线方式如图 2-1-19 所示。

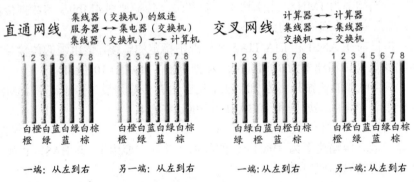

图 2-1-19　直通网线和交叉网线

直通网线既两端进行制线时均采用统一接线标准，如都采用 EIA/TIA568A 标准或者都采用 EIA/TIA568B 标准，此类数据跳线主要用于不同设备之间的级联，如网卡与集线器之间。

交叉网线既两端进行制线时采用了不同接线标准，此类跳线主要用于同级设备之间的直接连接，如网卡与网卡直接连接，集线器与集线器之间。

思考与练习

1．简述网线基本制线标准。

2．简述直通网线和交叉网线的区别和适用场合。

任务二 制作光纤连接线

任务描述

公司网络部门新购买了一批交换设备，各个交换机之间采用了光纤模块进行连接，现要求制作多根光纤连接线用于设备之间的连接。

任务分析

由于交换机之间采用了光纤端口模块进行级联，需要采用光纤连接线对交换机进行连接。光纤的连接一般采用研磨或者熔接方式，现根据实际情况采用研磨技术制作多根光纤连接线。实际操作前首先需要了解光纤的种类和相关技术指标，学会使用光纤研磨设备进行光纤连接线的制作，能对光纤连接线进行连通性测试。

方法与步骤

（1）在进行实际操作前，首先需要了解光纤的种类和基本技术指标。光纤按照光的传播模式可以分为单模光纤和多模光纤，此次任务中使用的连接线为多模光纤，图 2-2-1 所示为制作完成后的多模光纤连接线。

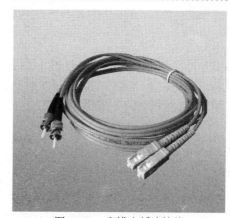

图 2-2-1 多模光纤连接线

（2）了解了光纤的种类和基本技术指标后，开始进行准备工作，包括注射器的准备和混合胶水的配置，图 2-2-2 所示为注射器的准备。

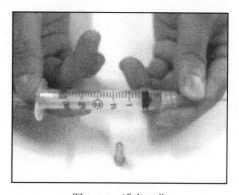

图 2-2-2 准备工作

（3）按正确的方向将压力防护罩（以及光纤护套的压接套）推过光纤，如图 2-2-3 所示。

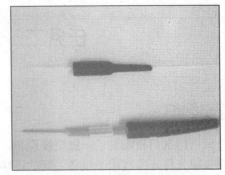

图 2-2-3　光纤护套安装

（4）使用剥线钳，将光纤的最外层剥离，注意在剥离时将剥线钳和光纤成 45°角，并且在剥线时注意光纤剥线长度，如图 2-2-4 所示。

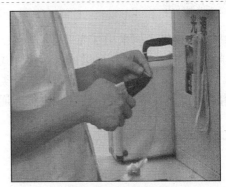

图 2-2-4　护套剥除

（5）再次使用剥线钳，进行光纤缓冲层剥离，使用较小的锯齿口，分至少两次剥去缓冲层，如图 2-2-5 所示。

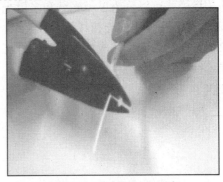

图 2-2-5　光纤缓冲层剥离

（6）将混合胶水注入 ST 头内，将注射器的尖端插入 ST 连接器直至稳定，向内注射混合胶水，直至 ST 头的前端出现胶水，注意不要注射太多，以防胶水倒流，如图 2-2-6 所示。

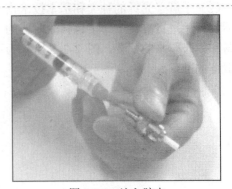

图 2-2-6　注入胶水

（7）将光纤插入 ST 连接器内。已经注入的胶水，会有一定的润滑作用，但在具体操作时还是要靠个人的手感，插入直到光纤露出连接器外为止，如图 2-2-7 所示。

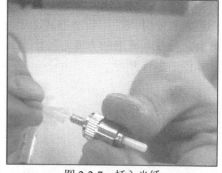

图 2-2-7　插入光纤

（8）使用冷压钳进行压制，使 ST 头和多模光纤紧密地连接在一起，使用冷压钳时应充分合拢，然后松开，如图 2-2-8 所示。

图 2-2-8　压制

（9）开始热固化，将 ST 头插入热固化炉内，开始进行烘干，所需要的固化时间一般是 10～15min，如图 2-2-9 所示。

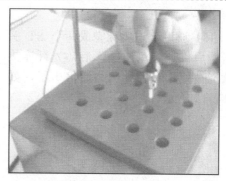

图 2-2-9　热固化

（10）对多余光纤进行切割，用光纤切割刀的平整面抵住 ST 头前端，要小心地在靠近 ST 头前端和光纤的横断面刻划光纤。请仅在光纤的一面刻划，如图 2-2-10 所示。

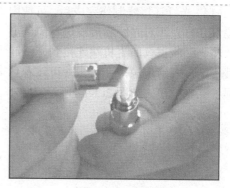

图 2-2-10　切割

（11）切割完成后，开始研磨。轻轻握住 ST 连接器，使用"8"字研磨方式，开始进行研磨。应掌握研磨的力度，防止光纤碎裂，如图 2-2-11 所示。

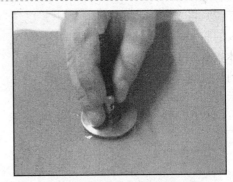

图 2-2-11　开始研磨

（12）研磨完成后，可使用显微镜进行观察。用显微镜观察研磨后的连接器端面，以确保在光纤上没有刮伤、空隙或碎屑，如图 2-2-12 所示。

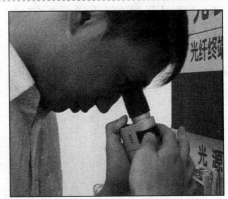

图 2-2-12　显微镜检查

（13）通过上述步骤完成两个 ST 头的研磨后，通过测通操作后，光纤连接线就能被使用在各种网络通信中了，如图 2-2-13 所示。

图 2-2-13　光纤连接线

（14）光纤连接线制作完成后，可使用简易 LED 光源对光纤连接线进行简单测试。将光纤测试仪的主机端连接到光纤连接线一端，开启电源，在另一端可以看到明显的红光射出，如图 2-2-14 所示。

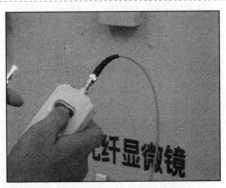

图 2-2-14　连通性测试

☰相关知识与技能

1. 光纤的结构

　　光纤是光导纤维的简称，其结构是多层同轴圆柱体，自内向外为纤芯、包层和涂覆层，如图 2-2-15 所示。核心部分是纤芯和包层，其中纤芯由高度透明的材料制成，是光波的主要传输通道。包层的折射率略小于纤芯，使光的传输性能相对稳定。纤芯粗细、纤芯材料和包层材料的折射率，对光纤的特性起决定性作用。涂覆层包括一次涂覆、缓冲层和二次涂覆，保护光纤不受水汽的侵蚀和机械的擦伤，同时又增加光纤的柔韧性，起着延长光纤寿命的作用。

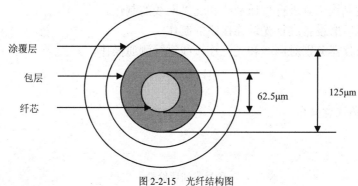

图 2-2-15　光纤结构图

2. 光纤的种类

　　光纤根据光的传播模式可以分为单模光纤和多模光纤。单模光纤的纤芯很小，约 $4\sim10\mu m$，只传输主模态。这样可完全避免模态色散，使得传输频带很宽，传输容量很大。这种光纤适用于大容量、长距离的光纤通信，它是未来光纤通信与光波技术发展的必然趋势。多模光纤又分为多模突变型光纤和多模渐变型光纤。前者纤芯直径较大，传输模态较多，因而带宽较窄，传输容量较小；后者纤芯中折射率随着半径的增大而减少，可获得比较小的模态色散，因而频带较宽，传输容量较大，目前一般都应用后者。

　　单模光纤和多模光纤的区别主要有：

　　① 单模光纤芯径小（$10\mu m$ 左右），仅允许一个模式传输，色散小，工作在长波长（1310nm 和 1550nm），与光器件的耦合相对困难。多模光纤芯径大（$62.5\mu m$ 或 $50\mu m$），允许上百个模式传输，色散大，工作在波长 850nm 或 1310nm，与光器件的耦合相对容易。

　　② 单模光纤一般采用激光作为光源，使用单模光纤传输时能传输较远距离；多模模块一般采用价格较低的 LED 作为光源，使用多模光纤传输时传输距离较短。

☆思考与练习

　　1. 简述光纤的种类和结构。

　　2. 简述光纤研磨操作的基本操作流程。

　　3. 简述光纤连接线主要需要测试哪些性能指标。

 项目实训　网线及光纤连接线制作

项目描述

了解网线和光纤种类，并能熟练使用各类制线工具。

项目要求

① 使用网线制线工具进行直通网线和交叉网线的制作。
② 使用光纤研磨设备进行光纤连接线的制作。
③ 使用测通仪器分别对网线和光纤连接线进行测通操作。

项目提示

光纤研磨时请注意安全。

项目评价

项目实训评价表

内　　容		评　　价		
学 习 目 标	评 价 项 目	3	2	1
职业能力 直通网线制作	直通网线制作			
	能进行测通			
交叉网线制作	交叉网线制作			
	能进行测通			
光纤连接线制作	光纤连接线的制作			
	光纤连接线测通			
通用能力 动手能力				
解决问题能力				
综合评价				

单元三

结点模块制作

结点模块制作是网络工程施工过程中的一项基本技能，具体包括配线架端接和信息插座安装。

由于施工工程需要，现需要进行配线架安装、理线器安装、配线架打线、信息插座模块打线和信息插座安装。

本单元主要任务：了解配线架和信息插座的种类和用途，学会使用各种工具进行配线架和信息插座的安装、配线架和信息插座模块打线，并能进行简单的测通操作。

✌️ 能力目标

- 安装配线架
- 安装信息插座
- 配线架和信息插座模块打线

任务一 端接配线架

任务描述

小张是某布线工程施工队的负责人，带领施工队承担布线系统端接及配线架的安装工作，工作内容为配线架端接、工作区信息插座安装和个别信息点的数据/语音转换等。

任务分析

由于配线间内的线缆非常多，所以配线间内大多采用桥架方式将线缆引导至各自的配线架进行端接。在制作的过程中需要掌握各类工具的基本操作。

另外，由于线缆较多，因此在端接时应注意线缆对应的工作间结点，避免出错。

方法与步骤

（1）安装配线架，注意-45 接头的方向，如图 3-1-1 所示。

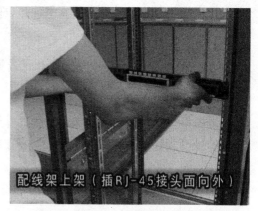

图 3-1-1　安装配线架

（2）在配线架上安装理线器，用于支撑和理顺过多的线缆，如图 3-1-2 所示。

图 3-1-2　安装理线器

（3）将线缆剪至合适的长度。用线缆准备工具剥除双绞线的绝缘层包皮，如图 3-1-3 所示。

图 3-1-3 剥除双绞线绝缘层

（4）依照线序标准和配线架类型，将双绞线的 4 对线按照正确的颜色顺序一一分开，但千万不能将线对拆开。根据配线架上所指示的颜色，将导线一一置入线槽，如图 3-1-4 所示。完成以后的效果如图 3-1-5 所示。

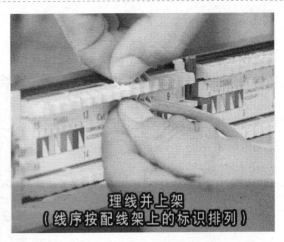

图 3-1-4 分开双绞线线对

图 3-1-5 双绞线线对压入线槽

（5）利用打线工具端接配线架与双绞线。

可以使用模块打线工具端接，如图3-1-6所示。也可以使用多对打线工具端接。

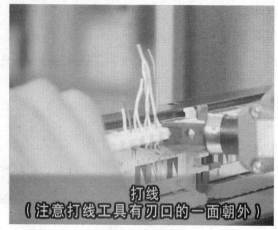

打线
（注意打线工具有刃口的一面朝外）

图 3-1-6　打线

（6）重复（3）～（5）的操作，端接所有双绞线。

（7）将线缆理顺，并用尼龙扎带将双绞线与理线器固定在一起，整理扎带。整理后的效果如图3-1-7所示。

多根双绞线打到配线架上后
要进行理线

图 3-1-7　理线、捆扎

相关知识与技能

配线架(patch panel)用于终结光缆和电缆，为光缆和电缆与其它设备的连接提供接口，使综合布线系统易于管理。

配线架分类：

（1）根据传输介质分为电缆配线架(如图 3-1-8 所示)、光缆配线架(如图 3-1-9 所示)和 110 配线架(如图 3-1-10 所示)。

图 3-1-8 电缆配线架

图 3-1-9 光缆配线架

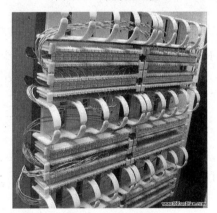

图 3-1-10 110 配线架

（2）根据端口数量分为 24 口和 48 口。

（3）根据所处位置分为主配线架和中间配线架。

端接配线架时使用的工具有两种：一种是线缆准备工具（如图 3-1-11 所示），另一种是打线工具（termination tools）。

图 3-1-11 线缆准备工具

打线工具除了可以使用模块打线工具（如图 3-1-12 所示）外，还可以选择使用专门的多对打线工具（如图 3-1-13 所示）。

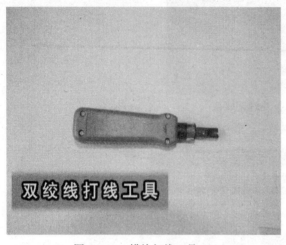

图 3-1-12　模块打线工具

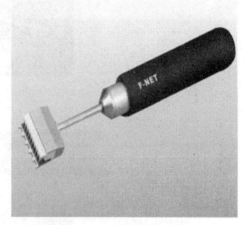

图 3-1-13　多对打线工具

机架式配线架的一面是 RJ-45 口，另一面是跳线接口。每组跳线都标识有棕、蓝、橙、绿的颜色，不同厂商的产品，颜色顺序可能不同。双绞线的色线要和这些跳线颜色一一对应，这样不容易接错。

思考与练习

1．进行配线架端接过程中经常会使用到的工具有哪些？
2．配线架端接过程中可能遇到的配件包括哪些？

▶ 任务二　安装信息插座

任务描述

小张是某布线工程施工队的负责人，带领施工队承担布线系统端接及配线架的安装工作，进行工作区信息插座安装及现场简易测通。

任务分析

在工作间安装信息插座，任务虽然简单，但安装的位置应符合相应的标准和规范，注意外形美观和整齐。

方法与步骤

（1）用线缆准备工具剥除双绞线的绝缘层包皮，如图3-2-1所示。

图 3-2-1　剥除双绞线绝缘层

（2）先安装前 2 对，将线缆插入相应的线槽中，如图3-2-2所示。

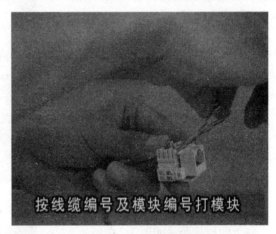

图 3-2-2　分开双绞线线对

（3）在放置接线对时可能会造成线对导线的分离，要尽量避免这样的情况出现。将所有的线对用手指调整到规定导线的方向上，并检查颜色对应是否正确，如图3-2-3所示。

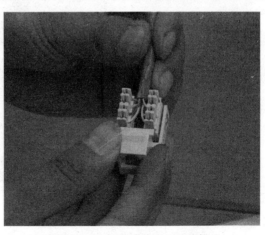

图 3-2-3　双绞线线对压入线槽

（4）将导线完全推入线槽后，剪掉多余线头，也可以使用打线工具进行导线压接，如图 3-2-4 所示。

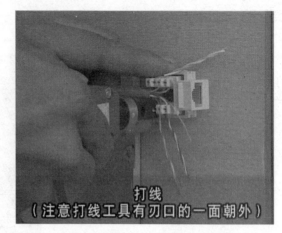

打线
（注意打线工具有刃口的一面朝外）

图 3-2-4　打线

（5）装入线盒时不要使线缆产生扭曲。如果改变线缆方向，应注意最小弯曲半径的要求，如图 3-2-5 所示。

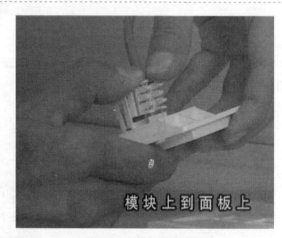

模块上到面板上

图 3-2-5　模块装入线盒

（6）面板安装，如图 3-2-7 所示。

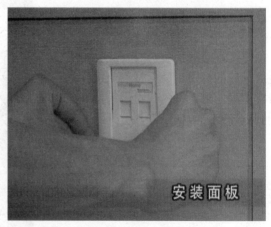

安装面板

图 3-2-7　安装面板

相关知识与技能

信息插座（telecommunication outlet，TO）作为水平布线的终结，为用户提供网络和语音接口。

信息插座分类：

根据适用环境分为墙上型（如图 3-2-8 所示）、桌上型和地上型（如图 3-2-9 所示）；

图 3-2-8 墙上型信息插座

图 3-2-9 地上型信息插座

根据传输介质分为光缆信息插座、双绞线信息插座和混合信息插座。

通常情况下，每个工作区应至少设置 2 个信息插座；对于一些网络用户非常多的工作区（如集中办公地点），则应根据实际需要设置。

工作区的每个信息插座均应支持电话、**数据终端**、计算机、电视及监视器等终端设备。

信息插座的安装工具和配线架端接工具一样，包括线缆准备工具和模块打线工具。当然，现在有些信息插座的模块是免打线的。

思考与练习

1．进行信息插座过程中经常会使用到的工具有哪些？

2．信息插座有哪些类型？

▶ 任务三 制作数据/语音转换线

1．将数据点改变为语音点

任务描述

小张是某布线工程施工队的负责人，带领施工队承担布线系统端接及配线架的安装工作，进行个别信息点的数据/语音转换。

任务分析

将数据点和语音点相互转换，主要利用原有的双绞线布线系统，关键是要注意数据点和语音点的出口不要混淆。

方法与步骤

（1）将用户的数据点到计算机的跳线拆除，安装一条电话机接口线，如图3-3-1所示。

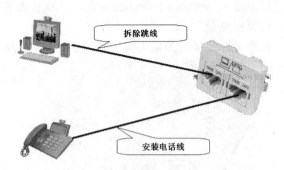

图 3-3-1　拆除数据点跳线、安装电话线

（2）将管理间的数据点区与交换机的 RJ-45-RJ-45 跳线拆除，如图 3-3-2 所示。

（3）重新制作一条一端带 RJ-45 头、另一端只留蓝色一对线头（绿、橙、棕等色的线对剪除）的跳线。

图 3-3-2　拆除交换机到配线架的跳线

（4）将跳线的 RJ-45 头插在配线架上的指定用户接口，只留蓝色线头的线对与 25 对大对数线配线板跳接，交电话管理部门，如图 3-3-3 所示。

图 3-3-3　打线

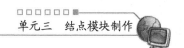

2．将语音点改变为数据点

方法与步骤

（1）将用户的语音点到电话机的跳线拆除，安装一条 RJ-45-RJ-45 跳线与计算机相连，如图 3-3-4 所示。

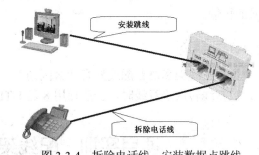

安装跳线

拆除电话线

图 3-3-4　拆除电话线、安装数据点跳线

（2）将管理间的语音点区与 25 对大对数线的跳线拆除，如图 3-3-5 所示。

（3）重新制作一条一端带 RJ-45 头的跳线。

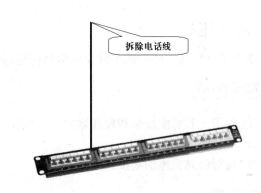

拆除电话线

图 3-3-5　拆除配线架跳线

（4）将跳线的 RJ-45 头插在交换机上，另一端的 4 对线缆端接在指定用户的接口，如图 3-3-6 所示。

（5）通知网络管理员，给用户分配 IP 地址，为用户安装网络管理软件。

安装RJ-45跳线

图 3-3-6　安装交换机到配线架的跳线

相关知识与技能

目前综合布线系统中普遍使用非屏蔽双绞线，这就为语音和数据的同步布线创造了非常好的条件。因为语音信号传输只需要 1 对线缆，这样就可以充分利用非屏蔽双绞线来实现语音信号的传输。

思考与练习

1．数据配线架和语音配线架有什么区别？
2．数据线转成语音线时，一般使用 8 芯 UTP 双绞线中哪两根线？

▶ 项目实训　配线架和信息插座端接

项目描述

学会综合布线系统中的配线架和信息插座端接。

项目要求

① 使用工具将配线架和理线器安装在机架。
② 进行配线架的端接。
③ 进行信息插座的端接。

项目提示

在进行各项实训操作时注意相关工具的使用。

项目评价

项目实训评价表

内　　　容		评　　价		
学习目标	评价项目	3	2	1
职业能力 —— 安装配线架和理线器	能正确进行配线架和理线器安装			
端接配线架	能进行配线架的端接			
端接信息插座	能进行信息插座的端接			
通用能力 —— 动手能力				
解决问题能力				
综合评价				

单元四

弱电系统连接线制作

弱电系统的各种连接线制作是智能楼宇工程施工过程中的一项基本技能，具体包括各种楼宇设备安装和连接线的制作连接。

由于施工工程需要，现需要进行闭路电视监控摄像机安装、火灾探测器安装和手动报警按钮安装。

本单元主要任务：了解智能楼宇弱电工程的特点，智能楼宇弱电工程与计算机网络工程的异同，学会使用各种工具进行闭路电视监控摄像机的安装，火灾探测器和手动报警按钮的安装，并能进行简单的测试操作。

能力目标

- 安装闭路电视监控摄像机
- 安装火灾探测器
- 安装手动报警按钮

任务一　制作闭路电视监控系统连接线

任务描述

　　小张是某布线工程施工队的负责人，带领施工队承担智能楼宇的弱电系统布线和设备安装、调试工作，现为某 IT 公司进行弱电系统工程布线和设备安装、调试。由于施工环境的原因，现要求小张带领一些施工人员，进行现场的闭路电视监控系统和火灾报警系统的布线连接、设备安装与调试，以满足布线工程需要。

任务分析

　　智能楼宇的弱电系统涉及的设备种类繁多，并且弱电系统的布线与计算机网络的综合布线所涉及的标准又大不相同。因此，熟悉弱电系统的施工图纸，正确理解弱电线路的连接符号和技术要求，掌握典型的弱电系统设备的安装和连接技术，是至关重要的。

方法与步骤

　　（1）拿出支架，准备好工具和零件包括涨塞、螺钉、改锥、小锤、电钻等，如图 4-1-1 所示；按事先确定的安装位置，检查好涨塞和自攻螺钉的大小型号，试一试支架螺钉和摄像机底座的螺口是否合适，预埋的管线接口是否已经处理好，测试电缆是否畅通，就绪后进入安装程序。

图 4-1-1　零件和工具准备

　　（2）拿出摄像机和镜头，按照事先确定的摄像机镜头型号和规格，仔细装上镜头（红外摄像机和一体式摄像机不需安装镜头），注意不要用手碰镜头和 CCD（图中标注部分），如图 4-1-2 所示。确认固定牢固后，接通电源，连通主机或现场使用监视器、小型电视机等调整好光圈焦距。

勿用手摸碰

图 4-1-2　安装摄像机和镜头

（3）拿出支架、涨塞、螺钉、改锥、小锤、电钻等工具，按照事先确定的位置，装好支架，如图 4-1-3 所示。检查牢固后，将摄像机按照约定的方向装上（确定安装支架前，先在安装的位置通电测试一下，以便得到更合理的监视效果）。

图 4-1-3　安装支架

（4）如果在室外或室内灰尘较多，需要安装摄像机护罩，在（2）后，直接从这里开始安装护罩，如图 4-1-4 所示。

① 打开护罩上盖板和后挡板；

② 抽出固定金属片，将摄像机固定好；

③ 将电源适配器装入护罩内；

④ 复位上盖板和后挡板，理顺电缆，固定好，装到支架上。

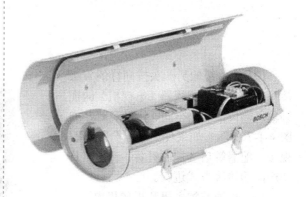

图 4-1-4　安装摄像机护罩

（5）把焊接好的视频电缆 BNC 插头插入视频电缆的插座内，如图 4-1-5 所示。(用插头的两个缺口对准摄像机视频插座的两个固定柱，插入后顺时针旋转即可)，确保牢固、接触良好。

图 4-1-5　接插视频接头

（6）将电源适配器的电源输出插头插入监控摄像机的电源插口，如图4-1-6所示。并确认牢固（注意摄像机的电源要求：一般普通枪式摄像机使用500～800mA12V电源，红外摄像机使用1000～2000mA12V电源，请参照产品说明选用适合的产品）。

图4-1-6　接插电源插头

（7）把电缆的另一头按同样的方法接入控制主机或监视器（电视机）的视频输入端口，确保牢固、接触良好，如图4-1-7所示。如果使用画面分割器、视频分配器等后端控制设备，请参照具体产品的接线方式进行。

（8）接通监控主机和摄像机电源，通过监视器调整摄像机角度到预定范围，并调整摄像机镜头的焦距和清晰度，进入录像设备和其他控制设备调整工序。

图4-1-7　接插控制主机插头

相关知识与技能

1984年，美国联合技术建筑系统公司（united technology building system Corp.）在康涅狄格州哈特福德市对一座旧金融大厦进行改建，改建后的大楼被命名为都市大厦（city building）。这座38层、建筑面积100000m² 的大楼，以当时最先进的技术控制空调、照明、电梯、防火和防盗系统，实现了通信自动化和办公自动化。因为该公司在他们的广告宣传资料中首次使用了"intelligent building（智能建筑）"一词，世界上第一座智能建筑就此诞生了。

智能建筑自出现之日起就迅速发展，尤其在发达国家发展得更快。目前，智能建筑已经成为一个国家综合经济国力的表征。在智能建筑领域，美国始终保持技术领先的势头。据不完全统计，美国改建和新建的办公楼约 70% 为智能建筑。日本从 1985 年开始建智能大厦（如图 4-1-8 所示），将有 65% 的建筑实现智能化，并制定了从智能设备、智能家庭到智能建筑、智能城市的发展计划。新加坡政府为推广智能建筑投入巨资，规划将新加坡建成"智能城市花园"。此外，印度也于 1995 年在加尔各答的盐湖开始建设"智能城"。

图 4-1-8　日本智能建筑

　　1988 年在北京建成的新华社办公楼是我国智能建筑的雏形，紧接着北京、上海、深圳等城市建成了大批智能建筑，如北京的京广中心（如图 4-1-9 所示）、深圳的深房广场、上海的金茂大厦（如图 4-1-10 所示）和证券交易大厦等。智能建筑在我国已成为建筑市场的大趋势，也是建筑业中新的"经济增长点"。各类建筑（楼、馆、场等）的智能化工程投资，约占工程总投资的 5%～8%，有的已高达 10%；居住小区的智能化系统建设投资平均在 60 元/m^2 左右（占土建投资的 5%～8%），如按全国每年竣工面积计算总投资为几十亿元。智能建筑这个新的"经济增长点"促成智能建筑相关企业迅速增长。粗略估计，目前全国从事智能建筑的企业超过 3000 家，产品供应商近 3000 家。全国有 152 家设计院和 127 家系统集成商具有智能建筑专项设计资质。2008 年在北京举行的第 29 届奥林匹克运动会（如图 4-1-11、图 4-1-12 所示）和 2010 年在上海举行的世界博览会（如图 4-1-13、图 4-1-14 所示），场馆和建筑无不融入智能建筑技术的精华和绿色建筑的理念。这两次全球性的盛会，为我国的智能建筑的发展提供了良好的契机。

图 4-1-9　北京京广中心

图 4-1-10　上海金茂大厦和环球金融中心

图 4-1-11　鸟巢体育场

图 4-1-12　水立方游泳馆

图 4-1-13　2010 年上海世博会——中国馆

图 4-1-14　2010 年上海世博会——世博轴

目前，发达国家的智能建筑已从早期地追求功能完备齐全，向高技术化、实用化和节能化方向发展。在我国，智能建筑也已进入高技术化、实用化发展阶段，有很多企业从事楼宇智能化产品开发与制造、楼宇智能化系统集成工程设计与施工、智能化社区管理的企业逐渐走向专门化和专业化。

智能建筑市场的迅猛发展，直接拉动了对智能楼宇新职业人才的需求。目前国内智能楼宇从业人员数量巨大，已达到约 100 万人，且主要集中在上海、北京、广州、深圳、天津、重庆、杭州、宁波、大连等大中城市。绝大多数从业人员未经任何培训就直接上岗，生产一线的操作人员技能水平很低，高级工不足 2.4%，技师不足 1%，高级技师不足 0.3%。目前，全国智能楼宇新职业人才缺口达 40 万，特别是楼宇智能化系统设备运行维护人才、楼宇智能化工程设计、管理、安装与调试人才等各层次人才严重不足。

什么是智能建筑呢？什么样的建筑才能称为智能建筑呢？由于智能建筑发展历史较短，目前国际上对于智能建筑尚无统一的标准和定义。美国智能大厦协会(AIBI)、欧洲智能建筑集团、新加坡国家智能建筑研究机构（PWD）和日本智能大楼研究会各自提出了不同的认识。

我国国家标准《智能建筑设计标准》（GB/T50314-2006）对于智能建筑的定义：智能建

筑是指以建筑物为平台，兼备信息设施系统、信息化应用系统、建筑设备管理系统、公共安全系统等，集结构、系统、服务、管理及其优化组合为一体，向人们提供安全、高效、便捷、节能、环保、健康的建筑环境。

为了简明形象地表明智能建筑的高科技性，通常以智能建筑内自动化设备的配备作为依据，将智能建筑形象地描述为 3A 建筑，3A 是指 BA(建筑设备自动化)、CA(通信自动化)和 OA(办公自动化)。

智能建筑中的弱电主要有两类，一类是国家规定的安全电压等级及控制电压等低电压电能，有交流与直流之分，交流 36V 以下，直流 24V 以下，如 24V 直流控制电源，或应急照明灯备用电源。另一类是载有语音、图像、数据等信息的信息源，如电话、电视、计算机的信息。

常见的弱电系统包括：闭路电视监控系统、防盗报警系统、门禁系统、电子巡更系统、停车场管理系统、可视对讲系统、背景音乐系统、三表抄送系统、楼宇自控系统、物业管理系统、多功能会议室系统、有线电视系统、消防系统等，如图 4-1-15 所示。

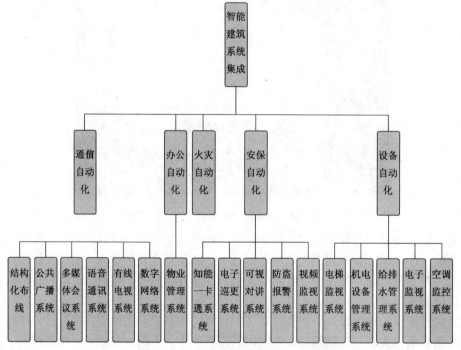

图 4-1-15　智能建筑弱电系统的组成

智能建筑中的弱电系统使用的线缆与计算机网络综合布线使用的线缆有很大的区别，弱电系统主要使用的电缆线有：

RVS、RVB——用于家用电器、小型电动工具、仪器、仪表及动力照明连接用电缆；

RVVP——用于仪器、仪表、对讲、监控、控制安装；

UTP——用于传输电话、计算机数据、防火、防盗保安系统、智能楼宇信息网；

SYV——用于同轴电缆、无线通信、广播、监控系统工程和有关电子设备中传输射频信号(含综合用同轴电缆)(如图 4-1-16、图 4-1-17 所示)。

图 4-1-16　智能建筑弱电系统线缆

图 4-1-17　智能建筑弱电系统线缆

　　进一步推广综合布线的应用范围，充分发挥结构化布线的优势，对于弱电系统的统一布线的要求便产生了，这是计算机技术、自动化技术和建筑技术发展的发展趋势和必然结果。这样可以更加合理、有序地进行弱电系统布线总体设计和统一施工，从而避免各子系统独立设计、重复施工所造成的种种浪费和相互间的不利影响；更加合理地利用建筑空间，变杂乱为有序，从而使管理和维护更方便。并且能有效地节约和利用宝贵的资金和建设周期。

　　① 语音系统的设备(如程控交换机、电话机)无需任何适配器，即可使用结构化布线系统作为信号传输平台。

　　② 计算机网络系统有多种标准可直接与结构化布线系统接口连接使用。对于采用非双绞线传输的系统，重要的是搞清所选择的布线系统是否支持该计算机网络采用的标准，如果支持，则用户就可以买相应的适配器，实现与结构化布线系统的接口连接，否则就应考虑其它解决方案。

　　③ 保安监控系统 CCTV、卫星电视接收系统 CATV 采用结构化布线，在技术上是可行的，但用于信号平衡与不平衡传输方式转换的适配器加上布线材料，在费用上比传统方式要贵许多。

　　④ 楼宇自控系统采用结构化布线，情况要复杂一些。

　　首先，要确认所采用的楼宇自控系统与结构化布线系统是否有相互支持的能力。

　　其次，若在各网络层应用，则容易实现。若直接在数字控制器 DDC(direct digital controller)到现场设备(如各类传感器、变送器、执行元件间)应用，则需要通过相关协议了解结构化布线与传统布线在线路阻抗、各线对最大电流的分配规则、不同设备的连接电缆最大允许长度、连线与端接方式等方面的差异、产生的影响，以及设计中应注意的问题。显然，从实现的角度看，难度大于其它系统。目前，结构化布线厂商已经认识到将结构化布线用于楼宇自控的重要性，无论是对布线系统的理论研究还是硬件产品研发方面都有很大的作用。

　　⑤ 其它子系统与结构化布线系统结合的情况目前尚不乐观。虽然业主指定了弱电系统总承包商，但实际上各子系统通常是由各类专业公司分包完成的。尽管结构化布线系统与一些弱电子系统之间有相互支持的协议和应用说明，但各公司之间专业不相互了解的情况普遍存在。一个子系统由两家或多家公司实施，相互之间的依赖性增加了，技术上需注意的问题、

与习惯做法不一致的问题、安装进度的协调问题、系统调试中相互配合的问题变得十分突出，因而对工程的组织、管理，特别是对结构化布线系统承包商的技术能力和整体实力提出了更高要求，业主和各分承包商对此应有充分的认识。

目前楼宇自控、保安监控、卫星电视、门禁系统、停车场管理、背景音乐等子系统在使用期间变更的情况较少，维护管理多集中在设备方面。

思考与练习

1. 智能建筑的 3A 指的是什么？
2. 智能建筑中的弱电主要指什么？
3. 比较网络布线工程与智能建筑弱电系统布线工程的异同。

任务二　制作火灾报警系统连接线

任务描述

小张是某布线工程施工队的负责人，带领施工队承担智能楼宇的弱电系统布线和设备安装、调试工作，为某 IT 公司进行弱电系统工程布线和设备安装、调试。由于施工环境的原因，现要求小张带领一些施工人员，进行现场的火灾报警系统的布线连接、设备安装与调试，以满足布线工程需要。

任务分析

火灾报警系统的组成方式和类型较多，现场需要敷设和连接的线缆有直启线、信号线、电话线、广播线和 485 总线等，每种线缆所规定的色标一般按惯例连接。尤其要注意多线制的连接方式，探测器的串联或并联及线路走线应查看相关资料，以免发生差错。

方法与步骤

（1）火灾探测器的安装方式分为明装和暗装。

明装时一般是将火灾探测器安装在明配线路中的灯位盒上，如图 4-2-1 所示。

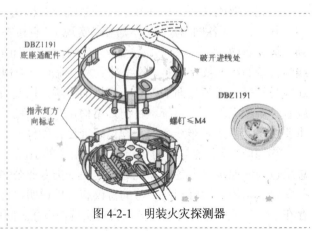

图 4-2-1　明装火灾探测器

暗装时火灾探测器需要与预埋盒配套安装，或用灯位盒安装，关键是盒体要在土建工程施工时预埋，如图4-2-2所示。

图中：

a. 探测器

b. 底座

c. 预埋盒

d. 配管

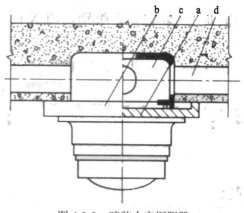

图 4-2-2　暗装火灾探测器

（2）报警确认灯应面向便于人员观察的主要入口方向，如图4-2-3所示。

图 4-2-3　火灾探测器报警确认灯的方向

（3）火灾探测器的线制是指火灾探测器与控制器接线的方式。

以三线制火灾探测器为例，出线端有正极(+)、负极(-)及信号线(S)，如图4-2-4所示。

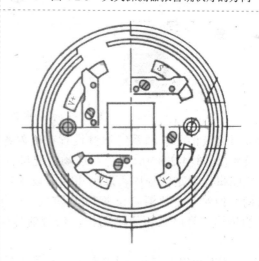

图 4-2-4　火灾探测器接线图

（4）安装手动火灾报警按钮，如图 4-2-5 所示。

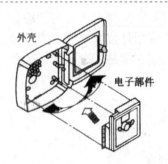

图 4-2-5　安装手动火灾报警按钮

相关知识与技能

消防报警系统通常由火灾报警及消防联动系统、消防广播系统、火警对讲电话系统等三部分组成，如图 4-2-6 所示。

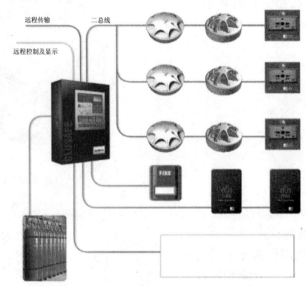

图 4-2-6　消防报警系统的组成

火灾报警及消防联动系统通过设置在楼内各处的火灾探测器(如图 4-2-7 所示)、手动报警装置(如图 4-2-8 所示)等对现场情况进行监测。当有报警信号时，根据接收到的信号，按照事先设定的程序，联动相应的设备，以控制火势蔓延。其信号传输采用多路总线结构，但对于重要消防设备(如消防泵、喷淋泵、正压风机、排烟风机等)的联动控制信号的传输，有时采用星型结构，信号的传输使用铜芯绝缘缆线(有的产品要求使用双绞线)。

消防广播系统用于在发生火灾时指挥现场人员安全疏散，采用多路总线结构，信号传输使用铜芯绝缘导线(该系统可与音乐/广播系统合用)。

火警对讲电话系统用于指挥现场消防人员进行灭火工作，采用星型和总线型两种结构，信号传输使用屏蔽线。

图 4-2-7　火灾探测器

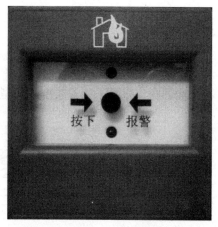

图 4-2-8　手动报警装置

　　火灾报警系统线路从功能上来说，外部线路一般包括信号总线、控制总线、广播线、电话线、直启线及系统扩展用的 485 通信总线。这些线路所连接的设备、使用的线型都有各自特点，各种线路的不同颜色标志在同一工程中应该是一致的，便于分辨。

　　（1）信号总线

　　是由火灾报警控制器的回路卡引出，连接火灾探测器、模块及消火栓等编码设备的线路。工程中通常采用阻燃 ZR-RVS-2×（1.0～2.5）mm² 线，导线截面积应随布线距离加长而增加，布线应尽量避免分支。规范规定，正极线"＋"应为红色，负极线"－"应为蓝色。

　　（2）控制总线

　　即 24V 直流电源线，由火灾报警控制器直流电源引出，连接需要电源的设备，通过输出模块提供 24V 直流电源给各排烟口、电动阀、声光报警器等。通常选用阻燃 ZR-RVS-2×（1.5～4.0）mm² 线，截面积应满足电源容量要求。同一工程中相同用途导线的颜色应一致，例如，正极线"＋"为红色，负极线"－"为黑色，接线端子应有标号。

　　（3）广播线

　　是由中心控制室消防广播盘引出至各扬声器的线路。通常采用 120V 定压式接线方式，采用 ZR-RVS-2×1mm² 线。与其它消防线路共管（共槽）时，为避免对其它线路的干扰，通常采用 RVP 屏蔽线。

　　（4）电话线

　　消防电话是独立的电话系统，不能利用一般电话线路或综合布线系统中的电话线路，而应该独立布线。消防电话布线不应与其它线路共管或同束布线。电话音频信号线通常采用 RVP 屏蔽线，截面积不小于 1.0mm²。

　　（5）直启线

　　是由中心控制室直启盘引出至需直接启动的重要设备的线路。一般采用阻燃 RVS 对绞线或阻燃 BV 单股线，截面积不小于 1.0mm²，线路应有颜色标志以防接错。

　　（6）485 通信总线

　　在控制室内部用来连接与控制器配套组合的设备(如直启盘、气体灭火控制盘和设备操作盘等)；在控制室外部用来连接楼层火灾显示盘和现场电源等。一般采用 RVV-2×1.5mm² 线，截面积应随布线距离加长而增加。

思考与练习

1．火灾探测器的安装方式有哪些？
2．火灾探测器安装时应注意什么？
3．简述火灾报警系统各线缆的线型、色标和接线要求。

▶ 项目实训　摄像机和火灾探测器安装

项目描述

学会综合布线系统中的摄像机和火灾探测器安装。

项目要求

① 使用工具将摄像机安装在机架。
② 使用工具将火灾探测器安装在指定位置，并正确接线。
③ 使用工具将手动火灾报警按钮安装在指定位置。

项目提示

在进行各项实训操作时注意相关工具的使用。

项目评价

项目实训评价表

内　　　容		评　　　价		
学习目标	评价项目	3	2	1
安装摄像机	能正确进行摄像机安装			
安装火灾探测器并接线	能进行火灾探测器安装并接线			
安装手动火灾报警按钮	能进行手动火灾报警按钮的安装			
动手能力				
解决问题能力				
综合评价				

单元五

机柜安装

机柜安装和链路搭建是智能楼宇工程施工过程中的基本技能，具体包括机柜安装、机柜调试和各种链路搭建测试。

由于施工工程需要，现需要进行机柜安装、各种链路的选择和搭建测试。

本单元主要任务：了解各种机柜的特点和选用、2 种链路连接方式的特点、3 种链路测试模型的适用环境，学会使用各种工具进行机柜的安装和调试、链路连接方式和测试模型的选择及搭建，并能利用专业测试工具进行各种链路模型的测试操作。

能力目标

- 组装机柜
- 调试机柜
- 搭建测试链路

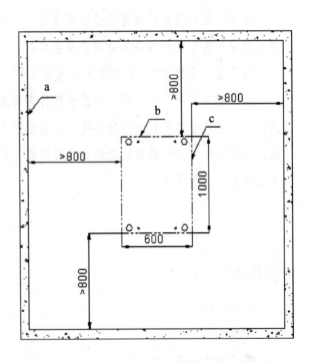

任务一　组装机柜

任务描述

小张是某布线工程施工队的负责人，带领施工队承担设备间机柜的安装、调试任务。

任务分析

机柜的安装、调试看似简单，但是设备间机柜中的网络设备关乎整个楼宇网络系统运行的正常与否，在施工的过程中需要掌握各类工具的基本操作。

方法与步骤

（1）机柜安装规划

在安装机柜之前首先对可用空间进行规划，如图 5-1-1 所示，为了便于散热和设备维护，建议机柜前后与墙面或其它设备的距离不应小于 0.8m，机房的净高不能小于 2.5 米。

图中：

a．内墙或参考体；

b．机柜背面；

c．机柜轮廓。

（2）安装前的准备工作

安装前，场地划线要准确无误，否则会导致返工。

按照拆箱指导拆开机柜及机柜附件的外包装。

（3）机柜就位

将机柜安放到规划好的位置，确定机柜的前后面，并使机柜的地脚对准相应的地脚定位标记。

机柜前后面识别方法：有走线盒的一方为机柜的后面。

图 5-1-1　机柜安装空间规划

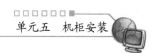

（4）机柜水平调整

在机柜顶部平面两个相互垂直方向放置的水平尺,检查机柜的水平度。用扳手旋动地脚上的螺杆调整机柜的高度,使机柜达到水平状态,然后锁紧机柜地脚上的锁紧螺母,使锁紧螺母紧贴在机柜的底平面，如图5-1-2所示。

图中：

a. 机柜下围框；

b. 机柜锁紧螺母；

c. 机柜地脚；

d. 压板锁紧螺母。

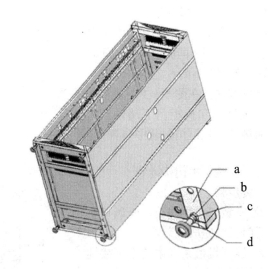

图 5-1-2　机柜水平调整

（5）安装机柜门

安装前需要确认：机柜已经固定；设备已经在机柜上安装完毕；电缆已经安装完毕。

安装步骤如下：

① 将门的底部轴销与机柜下围框的轴销孔对准，将门的底部装上。

② 用手拉下门的顶部轴销，将轴销的通孔与机柜上门楣的轴销孔对齐。

③ 松开手，在弹簧作用下轴销往上复位，使门的上部轴销插入机柜上门楣的对应孔位，从而将门安装在机柜上。

④ 按照上面步骤，完成其它机柜门的安装，如图5-1-3所示。

图中：

a. 安装门的顶部轴销放大示意图

b. 顶部轴销

c. 机柜上门楣

d. 安装门的底部轴销放大示意图

e. 底部轴销

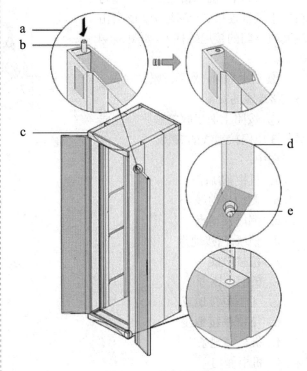

图 5-1-3　安装机柜门

（6）机柜门隙调整

机柜同侧左右两扇门完成安装后，它们与门楣之间的缝隙可能不均匀，这时需要调整两者之间的间隙。

调整方法：在图 5-1-3 中机柜的下围框轴销孔和机柜门下端轴销之间增加垫片（机柜门包装中自带）。

（7）安装机柜门接地线

安装步骤：

① 安装门接地线前，先确认机柜前后门已经完成安装。

② 旋开机柜某一扇门下部接地螺柱上的螺母。

③ 将相邻的门接地线（一端与机柜下围框连接，一端悬空）的自由端套在该门的接地螺柱上，如图 5-1-4 所示。

④ 装上螺母，然后拧紧，完成一条门接地线的安装。

⑤ 按照上面步骤的顺序，完成另外 3 扇门接地线的安装。

图中：

a. 机柜前/后门

b. 侧门接地线

c. 侧门接地点

d. 前/后门接地点

e. 门接地线

f. 机柜下围框

g. 下围框接地点

h. 下围框接地线

I. 机柜接地条

j. 机柜侧门

（8）机柜安装检查

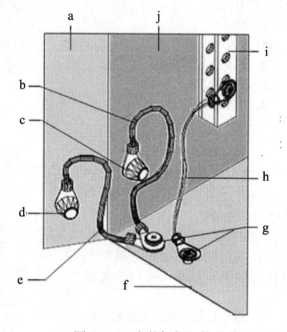

图 5-1-4　安装机柜门接地线

相关知识与技能

机柜一般分为服务器机柜、网络机柜、控制台机柜等。

服务器机柜为安装服务器、显示器、UPS 等 19 英寸标准设备及非 19 英寸标准设备专用的机柜，在机柜的深度、高度、承重等方面均有要求（如图 5-1-5 所示）；

图 5-1-5　服务器机柜

网络机柜主要是布线工程上用的，存放路由器、交换机、显示器和配线架等，如图 5-1-6 所示。

图 5-1-6　网络机柜

大多数工程级的设备面板宽度都采用 19 英寸，安装孔距为 465mm，因此，机柜只要能满足多数 19 英寸设备的安装，该机柜就是标准机柜。

19 英寸标准机柜外型有宽度、高度、深度三个常规指标。机柜的物理宽度通常有 600mm 和 800mm 两种。高度以 U 表示，1U＝44.5mm，还要加边框，取整做成 700mm，1200mm，1600mm，2200mm 等规格。机柜的深度一般在 600mm～1000mm 之间，根据柜内设备的尺寸而定。通常厂商也可以定制特殊深度的产品，常见的成品 19 英寸标准机柜深度为 600mm、700mm、800mm、900mm、960mm、1000mm。

19 英寸标准机柜的结构比较简单，主要包括基本框架、内部支撑系统、布线系统、通风系统等。

思考与练习

1. 机柜类型有哪些？机柜的常规指标有哪些？
2. 简述机柜的安装于调试过程。

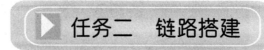

任务描述

小张是某布线工程施工队的负责人，带领施工队承担工作区到管理子系统的电缆链路搭建工作。

任务分析

电缆链路需要根据不同的标准所规定的链路模型来搭建。除了保证链路的正常数据传输外，还要考虑管理的方便。

方法与步骤

1. 配线架与网络设备的连接

电缆链路是指从用户终端到网络设备的通路。

配线架与网络设备的连接方式不同，所采用的设备也有区别。通常连接方式有：

（1）互连接

互连接是指水平线缆一端连接到用户的信息插座，另一端连接到配线架，配线架和网络设备通过接插软线进行连接，如图 5-2-1 所示。

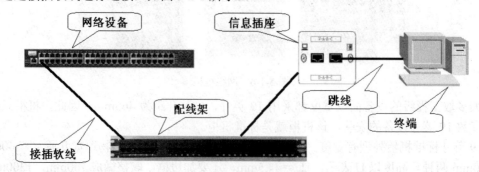

图 5-2-1　配线架与网络设备互连接

（2）交叉连接

交叉连接是指在水平链路中安装 2 个配线架，其中水平线缆一端连接到用户的信息插座，

另一端连接到一个配线架，网络设备通过接插软线连接到另一个配线架。而2个配线架通过多条接插软线连接起来，便于对用户的管理，如图5-2-2所示。

当需要在一个单独机架内或在几个相互靠近的机架之间进行配线时，采用互连接。即是直接使用跳线从网络设备的前端埠口跳接至配线架，经此配线架连接出至服务的工作区外。互连接是最经济的系统方案，因为它能够减少额外的配线架和端接有关的劳动力。唯一的缺点是需要许多不同长度的跳线。这样非常容易变成因网络设备上的线缆管理器不足够而导致的连接系统混乱。

当需要在一电信配线间内的一个区域进行配线，而网络设备（如 Hub 或交换机等）则安置在电信间的另一区域，则需要交叉连接。此种连接系统提供的优点是所有的静态布线元件（如安装机架或机柜或壁装的 IDC 压线系统）均集中在一个区域。所有的跳线连接（如比较互连接要求为短的终端跳线）均集中在另一个区域内进行。在此交叉连接系统中，网络设备只须开始时连接妥当，以后的配线不须再打扰设备。

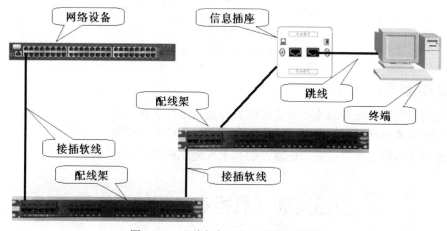

图 5-2-2　配线架与网络设备交叉连接

2．链路的测试模型

由于综合布线工程情况复杂，线缆、接口、连接方式和设备多种多样，线缆长度和使用的接口不同。为了避免各种因素影响测试结果，测试标准定义了各种连接模型作为测试的参考链路。

（1）基本链路模型和通道链路模型

在 TSB 67 标准中，定义了基本链路（basic link）模型和通道（channel）模型。

① 基本链路又被称为承包商链路，是指综合布线中的固定链路部分，包括最长 90m 的端间固定连接水平线缆和在两端的插件（一端为工作区信息插座，另一端为楼层配线架、跳线板插座及 2 条 2m 的测试线）。

② 通道链路模型又被称为用户链路，包括最长 90m 的水平电缆，1 个信息插座，1 个靠近工作区的可选附属转接连接器，在楼层配线间跳线架上的 2 处连接跳线和用户终端连接线，总长度不得超过 100m。

（2）永久链路模型

在 ISO/IEC 所制订的超五类和六类标准，及 EIA/TIA 567B 标准中新的测试模型中，定义了永久链路（permanent link）模型，将代替基本链路模型。

永久链路又被称为固定链路,由 90m 水平电缆和链路中相关接头(必要时增加一个可选的转换/汇接头)组成。与基本链路相比,永久链路去除了测试设备电缆对测试结果的影响,使得测试结果能够更加准确地反映系统的实际性能,如图 5-2-3 所示。

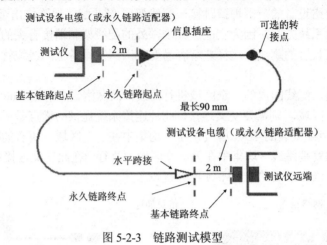

图 5-2-3　链路测试模型

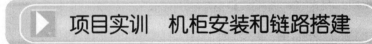思考与练习

1.配线架与网络设备的连接方式哪些?各适用于什么场合?

2.简述基本链路模型、通道链路模型和永久链路模型的定义,

3.画出基本链路模型、通道链路模型和永久链路模型的示意简图。

▶ 项目实训　机柜安装和链路搭建

项目描述

学会综合布线系统中的机柜安装和链路搭建。

项目要求

① 使用工具装配机柜。

② 进行配线架与设备的各种连接。

③ 进行链路搭建。

项目提示

在进行各项实训操作时注意相关工具的使用。

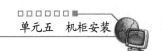

 项目评价

项目实训评价表

内　容		评　　价		
学　习　目　标	评　价　项　目	3	2	1
职业能力 装配机柜	能正确进行机柜装配			
配线架与设备的互连接/交叉连接	能进行配线架与设备的连接			
搭建各种链路	能进行链路搭建			
通用能力 动手能力				
解决问题能力				
综合评价				

单元六

线缆铺设

线缆铺设是综合布线施工过程中经常会遇到的一项施工技术，线槽系统被称为综合布线系统的"面子工程"，该系统直接影响到了布线工程的质量。

由于施工工程需要，现需要进行 PVC 管槽系统的安装和调试工作，以及线缆的铺设工作。

本单元主要任务：学会管槽的基本安装操作，掌握 PVC 管槽弯管技术，掌握明盒暗盒系统的安装和线缆的铺设操作。

能力目标

- PVC 管槽弯管操作
- 线缆的铺设
- PVC 管槽的铺设

任务描述

小张是某布线工程施工队的现场施工人员,主要承担桥架、管槽系统的铺设和安装工作。最近公司承接了一项综合布线工程,主要任务是为某 IT 公司进行楼层布线,由于施工环境的原因,现要求小张制作多个 PVC 管的弯头和线槽的弯曲角,满足布线工程需要,实现线缆的铺设。

任务分析

PVC 管的弯头和线槽的弯曲角主要实现的是线缆铺设时所遇到的线缆需要转弯的操作。在实际工程中可以自制 PVC 弯头和线槽弯曲角,实现线缆铺设操作,在制作的过程中需要掌握各类工具的基本操作。

方法与步骤

(1)使用卷尺测量所需 PVC 管线的长度,如图 6-1-1 所示。

图 6-1-1 测量

(2)根据测量的长度在 PVC 管上使用钢锯进行切割,如图 6-1-2 所示。

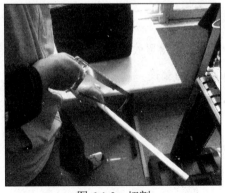

图 6-1-2 切割

（3）在布线工程中可以使用现成的 PVC 弯通将 2 根口径相同的线管进行连接，使线管做 90°转弯，如图 6-1-3 所示。

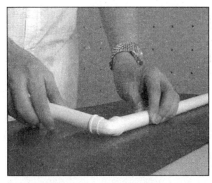

图 6-1-3 弯通连接

（4）在布线工程中也可以使用简易的弯管器进行 PVC 管线的弯曲操作。简易弯管器实际就是一段弹簧，将简易弯管器送入 PVC 管，如图 6-1-4 所示。

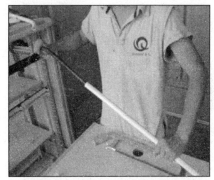

图 6-1-4 放入简易弯管器

（5）用双手弯曲 PVC 管，注意弯曲过程中用力不能过猛，速度不应过快，当弯曲达到要求时，抽出简易弯管器，如图 6-1-5 所示。

图 6-1-5 弯折 PVC 管

（6）弯曲完成后即成为一个 PVC 弯管，可以用于线缆弯曲布线的部件，如图 6-1-6 所示。

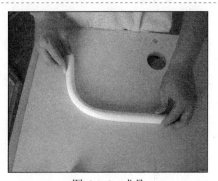

图 6-1-6 成品

（7）使用记号笔在 PVC 线槽上做标记，确定需要进行弯曲的位置，如图 6-1-7 所示。

图 6-1-7　标记

（8）使用直角尺和记号笔，画一根直线，使该线与线槽的下边沿成 45°，如图 6-1-8 所示。

图 6-1-8　画线

（9）采用同样方法在另一边画一条直线，如图 6-1-9 所示。

图 6-1-9　画对称线

（10）使用记号笔做好记号，记号是一个等腰三角形，如图 6-1-10 所示。

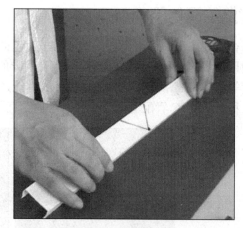

图 6-1-10　等腰三角形

（11）使用剪刀沿着等腰三角形两腰剪开线槽，如图 6-1-11 所示。

图 6-1-11　剪开线槽

（12）剪开线槽后，将线槽弯曲即形成一个线槽弯曲角，如图 6-1-12 所示。

图 6-1-12　弯曲线槽

综合布线工程中最常用的线槽产品一般包括 PVC 管和 PVC 线槽。PVC 管是综合布线工程中使用最多的一种塑料管，PVC 管具有优异的耐酸、耐碱、耐腐蚀性，耐外压强度、耐冲击强度等都非常高，具有优异的电气绝缘性能，适用于各种条件下的电线、电缆的保护套管配管工程，与 PVC 管配套的连接件有弯通、直通、管卡、锁头和三通等，如图 6-1-13 所示。

图 6-1-13　PVC 管及连接件

PVC 线槽是一种带盖板封闭式的管槽材料，盖板和槽体通过卡槽合紧。从型号上讲有 PVC-20 系列、PVC-40 系列、PVC-60 系列等，与 PVC 槽配套的连接件有阳角、阴角、直转角、平三通、左三通、右三通、连接头、终端头等，如图 6-1-14 所示。

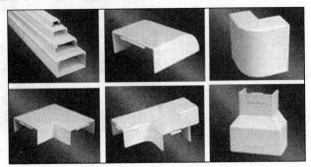

图 6-1-14　PVC 线槽及连接件

拓展与提高

（1）十字分支制作也是线槽铺设时经常会遇到的问题，具体操作方法是首先使用记号笔在线槽开口位置进行标记，如图 6-1-15 所示。

图 6-1-15　标记

（2）使用剪刀剪开开口位置，如图 6-1-16 所示。

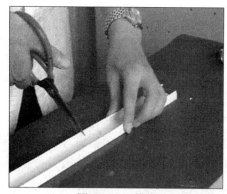

图 6-1-16　剪裁

（3）线槽裁剪完成后，将分路线槽插入开口位置，如图 6-1-17 所示。

图 6-1-17　安装线槽

（4）连接完成后使用三通盖板进行覆盖，如图 6-1-18 所示。

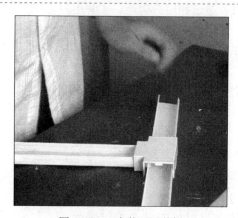

图 6-1-18　安装三通盖板

思考与练习

1. 简述进行 PVC 管线槽铺设过程中经常会使用到的设备有哪些。
2. 简述管线铺设过程中可能遇到的配件包括哪些。
3. 简述 PVC 管弯折技术的基本操作步骤。
4. 简述 PVC 线槽弯曲角的制作过程。

任务二 铺设线缆

任务描述

某布线施工商承接了一项新建写字楼的整体布线工程，现要求你组织并完成此项工程，需要根据用户需求组织人员进行整体施工，完成布线工程的整体铺设施工，并能进行连通性测试。

任务分析

此项工程是对一幢写字楼进行整体布线操作。写字楼土建工程已经完成，在进行施工时不能破坏楼房的原有土建，因此在实际操作前需要完成下列准备工作。

① 了解综合布线系统整体结构，根据实际情况进行整体布线操作。

② 和用户沟通，了解用户需求，并选择合适的线缆类型和路由走线方式。

③ 从用户处取得楼房平面图，了解建筑物竖井、弱电房等已有相关设备的位置。

④ 绘制施工图，并进行材料预算制定。

⑤ 掌握各类施工技能，并能正确进行施工操作。

⑥ 掌握各类测试技能，并能对已完成的工程子项目进行随机测试，保证工程质量。

方法与步骤

（1）通过和用户沟通，了解用户需求，选择适合任务的材料和线缆类型，并根据实际工程的需要选择适合此项工程的施工工艺，如图 6-2-1 所示为各类线缆类型和相关的施工工艺。

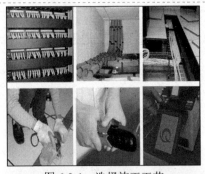

图 6-2-1　选择施工工艺

（2）在工程施工前，首先需要准备施工材料、工具和工程配件，如图 6-2-2 所示就是制备完成的各类线槽配件。

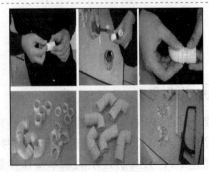

图 6-2-2　准备配件

（3）线缆类型选择、施工工艺确定及相关配件准备完成后，即可进行工程的施工操作。首先进行的是工作区子系统的线缆铺设，如图 6-2-3 所示在工作区子系统中铺设 PVC 线槽。

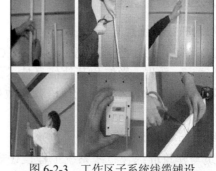

图 6-2-3　工作区子系统线缆铺设

（4）完成工作区子系统的线缆铺设工作后，需要进行水平子系统和垂直子系统的线缆铺设任务，相关技术包括桥架竖井安装和大对数电缆的铺设等，如图 6-2-4 所示就是大对数电缆安装操作。

图 6-2-4　大对数电缆铺设

（5）连接水平子系统和垂直子系统的是管理间子系统和设备间子系统，这两个子系统中主要存放各类连接设备，具体包括配线架、集线器、机柜、电源等设备，如图 6-2-5 所示为标准机柜。

图 6-2-5　标准机柜

（6）在进行线缆铺设过程中需要随时对线缆的连通性进行测试，如图 6-2-6 所示为对线缆连通性进行测试。

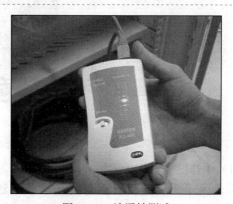

图 6-2-6　连通性测试

相关知识与技能

1. 综合布线系统定义

按照《综合布线系统工程设计规范》（GB50311—2007）中的定义，综合布线系统是一种用于语音、数据、影像和其他信息技术的标准结构化布线系统。综合布线系统是建筑物或建筑群内的传输网络，它能使语音和数据通信设备、交换设备和其它信息管理系统彼此相连接。

2. 综合布线系统标准

《建筑与建筑群综合布线系统工程设计规范》（GB/T50311—2000）、《建筑与建筑群综合布线系统工程验收规范》（GB/T50312—2000）是于1999年底，上报国家信息产业部、国家建设部、国家技术监督局审批，并于2000年2月28日发布，2000年8月1日开始执行。该标准主要是由我国通信行业标准 YD/T926—1997《大楼通信综合布线系统》升级而来。

2007年根据建设部最新公告，《综合布线系统工程设计规范》编号为GB50311—2007，自2007年10月1日起实施，其中，第7.0.9条为强制性条文，必须严格执行，原《建筑与建筑群综合布线系统工程设计规范》GB／T50311—2000 同时废止。同时，批准《综合布线系统工程验收规范》为国家标准，编号为GB50312—2007，自2007年10月1日起实施，其中，第5.2.5条为强制性条文，必须严格执行，原《建筑与建筑群综合布线系统工程验收规范》GB／T50312—2000 同时废止。

3. 综合布线系统结构

根据 EIA/TIA 568 标准将综合布线系统划分为六个组成部分：工作区子系统、水平子系统、管理间子系统、垂直子系统、设备间子系统、建筑群子系统，如图6-2-7所示。

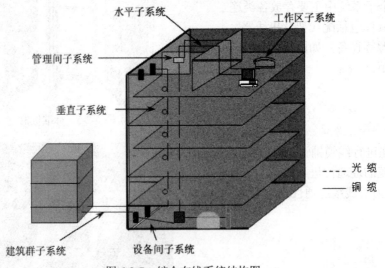

图 6-2-7　综合布线系统结构图

（1）工作区子系统

工作区子系统是指设置有终端设备的独立区域。它由网线与信息插座所连接的设备组成。

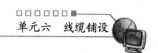

（2）水平子系统

水平干线子系统是整个布线系统的一部分，它是从工作区的信息插座开始到管理间子系统的配线架。它与垂直子系统的区别在于：水平子系统总是在一个楼层上，仅与信息插座，管理间连接。

（3）管理间子系统

管理间子系统为连接其他子系统提供了手段，它是连接垂直子系统和水平子系统的设备。

（4）垂直子系统

垂直子系统也称骨干子系统，它是整个建筑物综合布线系统的一部分。它是负责连接管理间子系统到设备间子系统的系统，一般选用光缆或选大对数的非屏蔽双绞线。

（5）设备间子系统

设备间子系统也称为设备子系统，它由电缆，连接器和相关支撑硬件组成。

（6）建筑群主干子系统

建筑群主干子系统是将一个建筑物中的电缆延伸到另一个建筑物的通信设备和装置，通常是由光缆和相应设备组成，支持楼宇之间通信所需的硬件，其中包括电缆，光缆以及电气保护装置等。

思考与练习

1．简述综合布线系统的定义。
2．简述综合布线系统的结构和组成。
3．简述水平子系统和垂直子系统的区别。
4．简述综合布线工程施工流程。
5．简述工作区子系统在施工过程中所需要完成的任务包括哪些。

任务三　PVC 管槽的铺设

任务描述

由于工程施工环境不同，工作区子系统的施工，会采用不同的布线方式，现要求你根据实际情况选择合适的施工工艺进行操作。

任务分析

根据工程施工环境不同，一般工作区子系统布线施工，会采用明装铺设 PVC 管槽或者暗埋铺设 PVC 管槽两种布线方式。一般情况下明装铺设线缆一般采用 PVC 线槽和明盒，暗埋铺设线缆一般采用 PVC 管和暗盒。

方法与步骤

（1）使用卷尺和铅笔测量所需要使用的PVC线槽的长度，并在PVC线槽上使用记号笔进行标记，如图6-3-1所示。

图 6-3-1　测量

（2）明装布放一般是在暗埋布放无法实现的情况下进行操作，首先在预定位置安装明盒，如图6-3-2所示。

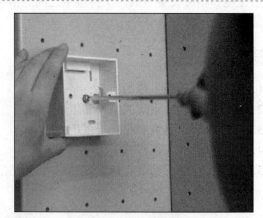

图 6-3-2　明盒安装

（3）明盒安装完成后可根据测量情况进行线槽的整体铺设，并使用螺钉进行固定，如图6-3-3所示。

图 6-3-3　线槽铺设

（4）线槽铺设完成后，可将线缆引入 PVC 线槽中，并通过明盒侧面圆孔将线缆由线槽引入明盒，如图 6-3-4 所示。

图 6-3-4 线缆铺设

（5）引入明盒的线缆应保持一定的余量，以便操作人员进行下一步操作，如图 6-3-5 所示。

图 6-3-5 引入明盒

（6）线槽铺设完成后，需要安装盖板，如图 6-3-6 所示。

图 6-3-6 安装盖板

（7）线槽布线、底盒安装、线缆排线完成后，需要在底盒上安装信息面板和信息模块。首先将线缆进行剥线、理线处理，并使用打线刀根据模块的线序压制到模块的 V 字槽中，并进行打线操作，如图 6-3-7 所示。

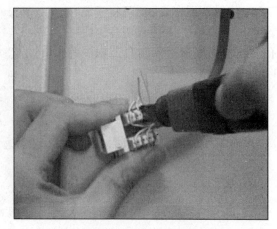

图 6-3-7　压制模块

（8）将打压完成的模块安装到信息面板上，如图 6-3-8 所示。

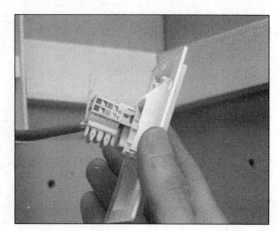

图 6-3-8　安装模块

（9）使用螺钉刀和螺钉将信息面板固定到信息底盒上，如图 6-3-9 所示。

图 6-3-9　固定面板

（10）在线槽系统的末端必定会连接一个底盒，目前一般采用较多的是 86 盒，如图 6-3-10 所示。

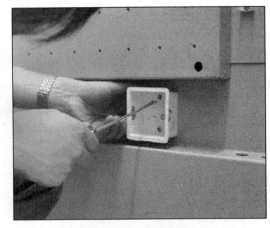

图 6-3-10 安装暗盒

（11）管卡主要用于固定 PVC 管，管卡拥有不同的规格，适合不同的 PVC 管，安装时使用螺钉固定在墙面上，如图 6-3-11 所示。

图 6-3-11 管卡安装

（12）管卡安装完成后，可将对应规格的 PVC 管卡入管卡中，如图 6-3-12 所示。

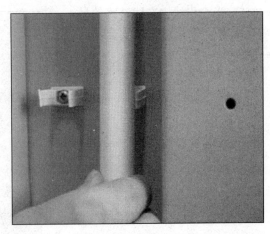

图 6-3-12 安装 PVC 管

（13）管卡、底盒、弯头安装完成后，即可进行整体的连接操作，如图 6-3-13 所示。

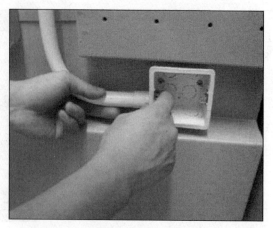

图 6-3-13　整体连接

（14）使用牵引线，将牵引头穿入 PVC 管，如图 6-3-14 所示。

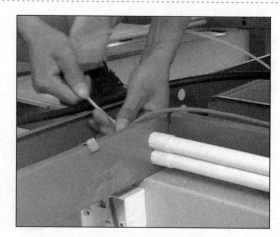

图 6-3-14　使用牵引线

（15）当牵引线由布线链路的另一端穿出后，可看到牵引线金属前端，如图 6-3-15 所示。

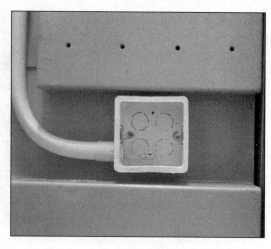

图 6-3-15　穿线

（16）将电缆固定在牵引线前端的金属接头，如图 6-3-16 所示。

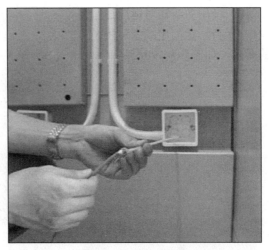

图 6-3-16　固定线缆

（17）准备将牵引线进行回拉，如图 6-3-17 所示。

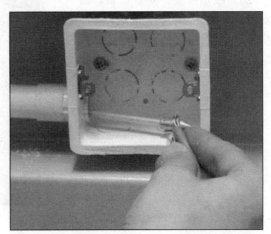

图 6-3-17　准备回拉牵引线

（18）在布线链路的另一端开始回拉牵引线，直到电缆随着牵引线一并拉出为止，如图 6-3-18 所示。

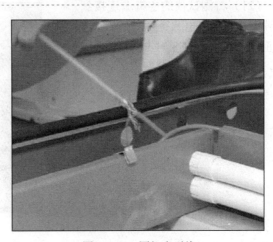

图 6-3-18　回拉牵引线

（19）使用剪线钳对电缆进行剪线操作，保持一定的电缆余量用于电缆的端接，如图 6-3-19 所示。

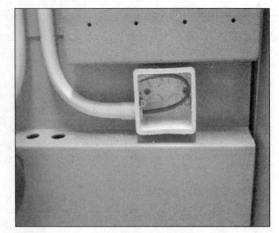

图 6-3-19　剪线

（20）线槽铺设、底盒安装、面板安装、信息模块压制完成后，可使用简易的测通仪进行测试。将仪器的远端使用跳线连接到信息板的模块上，如图 6-3-20 所示。

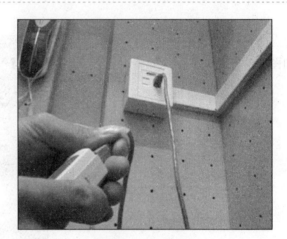

图 6-3-20　开始测通

（21）将测试仪的主机端连接到配线架上，开启电源进行测试。如连接正确，则指示灯将按照顺序进行闪烁，如图 6-3-21 所示。

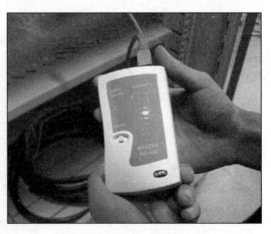

图 6-3-21　测通

相关知识与技能

在线槽内布线的操作一般可分为两步，即清扫线槽和放线。具体的配线步骤如下：

（1）清扫线槽

清扫明敷线槽时，可用抹布擦净线槽内残存的杂物和积水，使线槽内外保持清洁；清扫暗敷于地面内的线槽时，可先将带线穿通至出线口，然后将布条绑在带线一端，从另一端将布条拉出，反复多次就可将线槽内的杂物和积水清理干净，也可用空气压缩机将线槽内的杂物和积水吹出。

（2）放线

放线前应先检查线管与线槽连接处的护口是否齐全，导线、电缆、保护地线的选择是否符合设计图；线管进入盒、箱时内外螺母是否锁紧，确认无误后再进行放线。

放线方法是先将导线抻直、抻顺，盘成大圈或放在放线架（车）上，从始端到终端（先干线后支线）边放边整理，不应出现挤压背扣、扭结、损伤导线等现象。按分支回路排列绑扎成束，绑扎时应采用尼龙绑扎带，不允许使用金属导线绑扎。

地面内线槽放线：利用带线从出线一端至另一端，将导线放开、抻直、抻顺，削去端部绝缘层并做好标记，再把芯线绑扎在带线上，然后从另一端抽出即可，放线时应逐段进行。

在工程中进行放线操作时，为了提高放线的速度，必然会用到牵引线或牵引机，它有电动牵引和手摇式牵引两种，它将大大提高放线的效率，如图 6-3-22 所示。

图 6-3-22　牵引线

思考与练习

1．简述综合布线工程中遇到的底盒分类和适用场合。
2．简述暗埋 PVC 管线链路的施工流程。
3．简述明装 PVC 管线链路的施工流程。
4．简述牵引线缆的施工过程。
5．简述线槽内布线的操作步骤。

▶ 项目实训　线槽系统安装

项目描述

学会综合布线系统中的线槽系统安装。

项目要求

① 使用工具制作 PVC 管的弯头和线槽的弯曲角。

② 进行明装线缆铺设和暗埋线缆铺设。

③ 进行综合布线系统各个子系统的整体线缆铺设。

项目提示

在进行各项实训操作时注意相关工具的使用。

项目评价

项目实训评价表

	内　　　容		评　　　价		
	学　习　目　标	评　价　项　目	3	2	1
职业能力	制作 PVC 管弯头和线槽弯曲角	能正确进行弯头和弯曲角制作			
	能进行明装线槽铺设和暗埋线缆铺设	能进行线缆的铺设			
	能进行综合布线各个子系统的铺设	能进行综合布线系统铺设			
通用能力	动手能力				
	解决问题能力				
综合评价					

单元七

传输测试

综合布线工程施工完成后，在交付用户使用前，首先需要进行竣工测试，该测试将判断工程的质量。

本单元主要任务：学会使用认证测试仪，掌握元件测试、网络故障分析及光纤链路测试，了解工程验收和竣工步骤。

能力目标

- 认证测试仪使用
- 光纤链路测试
- 工程验收及竣工

任务一 测试连接线和模块传输项目

任务描述

某综合布线施工商为了完成某项布线工程，购买了大量的五类线和六类线，为了保证线缆质量，现要求你分别使用不同的测试方法对两种线进行测试，从而保证工程质量。

任务分析

该任务中需要对线缆进行测试，这是属于元器件测试的内容，目前一般可采用两种方法测试，其一是仿真测试，其二是标准测试。

方法与步骤

（1）首先我们对五类线缆进行仿真测试，仿真测试的方法是采用三长三连法或者三长四连法，在此我们采用三长三连法来进行操作。所谓三长三连是指在选型或者进场测试时人为搭建三种长度的永久链路，分别是 90m、50m 和 20m，其中使用三个连接器（用户插座、配线架插座、CP 连接器），以考察备选元件之间的兼容性和匹配性。90m 链路主要考察兼容性、NEXT、衰减、延迟偏离、ACR 等指标。20 米链路主要考察兼容性、NEXT、RL 等指标；50m 链路则是综合性考察。所谓三长四连则是指人工搭建的含有四个连接器的通道（信道），其中增加了一个二次跳接模块（多数是交叉连接模块，故称四连），三种长度是 100m、50m、20m。

（2）在此任务中我们首先对五类线进行仿真测试。使用三长三连的测试连接方法，采用的测试仪是 LANTEK 认证测试仪，首先需要对测试仪进行现场校验，其主界面如图 7-1-1 所示。

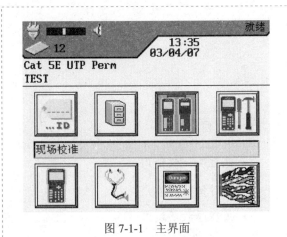

图 7-1-1 主界面

（3）通过 3 次校验完成测试仪的现场校验工作，当校验完成后测试仪会显示简明提示，如图 7-1-2 所示。

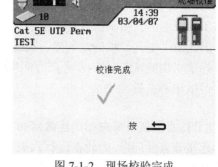

图 7-1-2 现场校验完成

（4）在进行测试前，首先选择正确的链路类型，选择电缆类型菜单，选择双绞线永久链路选项，并在子菜单中选择正确的永久链路类型，如图 7-1-3 所示，选择的是 Cat 5E UTP perm，即超五类永久链路模型。

图 7-1-3 选择电缆类型

（5）分别在购买的五类线缆中截取 90m、50m 和 20m 的长度进行三长三连方法测试，在进行三次的测试过程中均发现线缆的近端串扰报错，测试界面如图 7-1-4 所示。

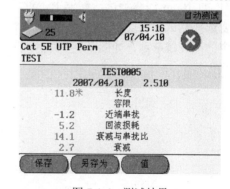

图 7-1-4 测试结果

（6）通过查看结果，可以了解更加具体的测试信息。如本次测试中显示的是近端串扰错误，可以查看错误的原因，发现是 3、6 线对与 5、4 线对的近端串扰不符合要求，如图 7-1-5 所示。

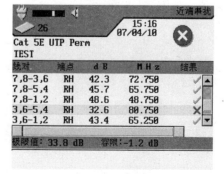

图 7-1-5 详细结果

（7）通过三长三连方式的测试，发现线缆确实存在质量问题，该批五类线缆的近端串扰值不符合标准。由于仿真测试重点在考察相关连接器、线缆的兼容性，不能代替元件测试。因此为了更进一步确定线缆、跳线等是否存在质量问题，采用标准测试方法对该批线缆进行了二次测试，同样出现了近端串扰不符合标准的现象，因此判断这批线缆不符合标准，可以申请退货。

（8）仿真测试只考虑相关连接器和线缆的连接兼容性问题，因此在进行六类线缆测试时，我们采用另一种测试方法，使用 FLUKE 公司生产的 100m 电缆测试适配器，直接检验电缆性能，如图 7-1-6 所示。

图 7-1-6　100 米线缆测试适配器

（9）从购买的六类线缆中截取 100m 长度的线缆，将线缆剥去外表皮，连接到 FLUKE 的 100m 线缆测试适配器上，首先需要选择测试线缆类型，选择 SETUP 模式中的双绞线选项，如图 7-1-7 所示。

图 7-1-7　选择双绞线

（10）在双绞线类型中选择线缆的测试极限值，如图 7-1-8 所示。

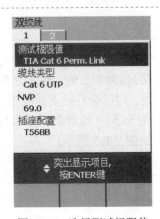

图 7-1-8　选择测试极限值

（11）进入测试极限值选项列表后，选择列表最末端的其它选项，如图 7-1-9 所示（如果检测的是 Cat6 跳线而非电缆本身，则请使用图中的跳线测试标准，并更换跳线测试适配器）。

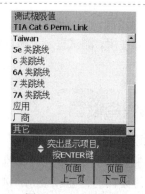

图 7-1-9　选择其它

（12）选择其它选项后，进入下级列表，选择其中的六类 100m 电缆标准，即 TIA C6Cable 100（LA），如图 7-1-10 所示。

图 7-1-10　选择测试标准

（13）将功能旋钮旋转到 AUTOTEST 档位，屏幕上显示了当前测试极限值、线缆类型、操作员信息等相关内容，如确认无误可按下主机测试按钮开始测试，如图 7-1-11 所示。

图 7-1-11　开始自动测试

（14）测试完成后，可在屏幕上看到具体的测试结果（参数列表），如图 7-1-12 所示。希望立刻查看参数的详细值和曲线，可以用方向键选中后按 ENTER 键进入查看。

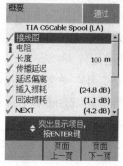

图 7-1-12　测试结果

（15）通过测试显示该批六类线缆相关测试结果均符合要求，线缆质量不存在任何问题，可以放心使用。测试提示：测试跳线和整卷线可以选择对应的标准和适配器进行测试，此略。

相关知识与技能

工程检测标准分类

工程检测标准可以分成元件标准、网络应用标准和链路标准 3 类。元件标准定义电缆/跳线/连接器等硬件的性能和级别，例如 ISO/IEC11801 和 ANSI/TIA/EIA 568B.2-A。网络标准定义了一个网络所需的所有元素的性能，例如 IEEE 802 和 ATM-PHY。链路标准定义了链路(永久链路、信道等)测试的方法、工具以及过程，例如 TSB-67。

电缆系统的标准为电缆和连接硬件提供了最基本的元件标准，使得不同厂家生产的产品具有相同的规格和性能，一方面有利于行业的发展，另一方面使消费者有更多的选择余地并为消费者提供更高的质量保证。而网络标准在电缆系统的基础上提供了最基本的应用标准。测试标准提供了确定验收对象是否达到要求所需的测试方法、工具和程序。

电气参数介绍（部分）

1．接线图

接线图（wire map）是为了确定链路的连接是否正确，以及链路线缆的线对接续是否正确，要求不能产生任何开路、串绕等现象。

2．特性阻抗

特性阻抗是指阻碍电流的阻抗。通信电缆的特性阻抗是电缆的电阻、分布式电感和电容的综合值，这些参数取决于电缆的结构。电缆的特性阻抗建立在电缆的物理特性上，这些物理特征主要包括导体尺寸、线对的电缆线之间的距离、导线绝缘层的尺寸和绝缘性能。

3．衰减（又称插入损耗）

衰减是信号能量沿基本链路或通道方向损耗的量度，它取决于电缆的电阻、电容、电感的分布参数和信号频率，随频率的增高而增大、随温度的升高而增长、随线缆长度的增大而增高，其单位为分贝（dB）。

4．近端串扰（NEXT）

串扰是高速信号在双绞线上传输时，由于分布互感和电容的存在，在邻近传输线上感应的信号。近端串扰是指同一电缆的一个线对中的信号在传输时耦合进其他线对中的能量。近端串扰又被称为线对之间的串扰。

5．传播延迟

传播延迟是信号在一个电缆线对中传输时所需要的时间。因为传播延迟是实际的信号传播时间，因此传播延迟会随着电缆长度的增加而增加。传播延迟通常是指信号在 100m 电缆上的传输时间，单位是纳秒（ns）。有关超五 E 类电缆的规范要求，在 100MHz 的传输频率下，100m 电缆通道的最大传输延迟不得超过 538ns。

思考与练习

1．简述三长三连法的测试方法，有何优缺点。
2．简述工程检测方法包括哪些。
3．简述什么是近端串扰，怎么会引起近端串扰。

任务二 网络认证测试仪表的使用

任务描述

　　某综合布线承包商为了扩展业务，新组建了一个测试部门，主要承担工程第三方测试。该中心最近承接了一项测试任务，对一写字楼的布线工程进行整体竣工测试，在测试前用户提出，需要使用两种不同品牌的测试仪对工程进行测试，从而确保工程质量。公司目前拥有的测试设备主要有IDEAL公司的LANTEK系列认证测试仪和FLUKE公司的DTX系列认证测试仪，为了能顺利完成此项任务，现要求你首先对这两款测试设备的基本操作有一个全面的了解。

任务分析

　　为了完成此项任务首先需要对相关测试仪器生产厂家有一个基本了解，并学会熟练操作各类测试仪仪器。

方法与步骤

　　（1）目前测试中心所拥有的设备主要是IDEAL公司的LANTEK系列认证测试仪和FLUKE公司的DTX认证测试仪，这两款测试仪均是目前市场上的主流测试仪，仪器主机外观如图7-2-1所示。

图 7-2-1 认证测试仪

（2）LANTEK 6 系列测试仪，其带宽可达 350MHz，符合六类/ISO E 级布线测试要求，执行完整的六类/ISO E 级自动测试，只需 21 秒，如图 7-2-2 所示。

图 7-2-2　LANTEK 认证测试仪

（3）LANTEK 认证测试仪的主界面上可看到有 8 个测试模块，分别是电缆ID、已存储测试、现场校准、首选项、仪器、分析、光纤和电缆类型，如图 7-2-3 所示。

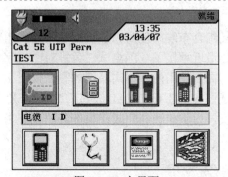

图 7-2-3　主界面

（4）电缆 ID 模块中包括 3 个选项，分别是增加电缆 ID、设置电缆 ID 和选择双重 ID，如图 7-2-4 所示。其中单击"增加电缆 ID"后将屏幕下方的数字自动添加 1，原先的 0000 变为 0001。

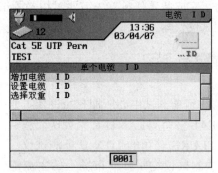

图 7-2-4　电缆 ID 模块

（5）已存储测试模块的功能类似计算机中的资源管理器，模块内主要陈列各个测试文件夹，如图 7-2-5 所示。

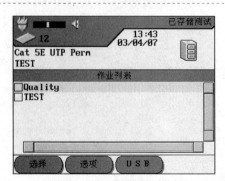

图 7-2-5　已存储测试模块

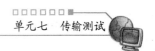

（6）在已存储测试模块中，单击"选项"按钮，可查看当前作业的信息、所有作业的信息、删除选定的作业、新建作业等相关信息，如图7-2-6所示。

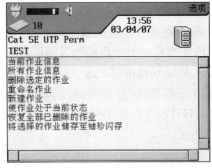

图 7-2-6　选项功能

（7）现场校准是测试仪在进行各类测试之前必须完成的一项任务，因为测试仪在多次测试后必然会出现某些误差，一般情况下，每隔 7 天就必须对测试仪进行一次全面的校准，以保证测试结果的正确，可使用现场校验测试模块进行具体测试，如图 7-2-7 所示。

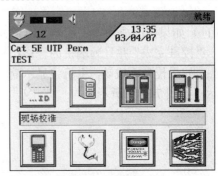

图 7-2-7　现场校验

（8）在主机现场校准屏，使用功能键选"开始"按钮对第 1 根跳线（远端跳线）的校准过程，此过程持续约 30 秒，如图7-2-8 所示。

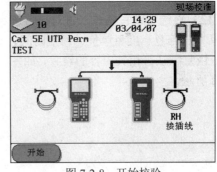

图 7-2-8　开始校验

（9）第 1 根跳线校准后，在远端机的接线上作好标记。从主机与远端机上取下此跳线，将第 2 根测试跳线接到主机与远端机适配器上。从主机现场校准屏，选"开始"按钮开始对第 2 根跳线的校准，如图 7-2-9 所示。

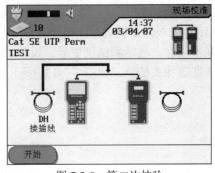

图 7-2-9　第二次校验

（10）第 2 根跳线校准完成后，从远端机上取下跳线（主机跳线不动）。将第1 根跳线作有标记的一段插回远端机适配器。在主机现场校准屏，选"开始"按钮开始第 3 步校准过程，同时，在远端机上，按"AUTOTEST"开始同步校准，如图7-2-10 所示。

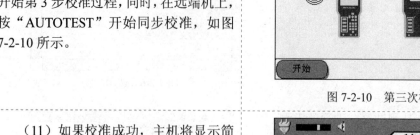

图 7-2-10　第三次校验

（11）如果校准成功，主机将显示简明提示"校准完成"并且远端机的合格指示灯亮。如果校准不成功，主机将显示简明提示，如图 7-2-11 所示。

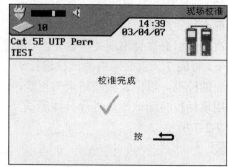

图 7-2-11　校验完成

（12）首选项设置模式，可对仪器进行包括用户信息、度量单位、日期时间、语言、恢复默认等相关内容的设置，如图7-2-12 所示。

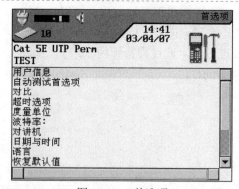

图 7-2-12　首选项

（13）进入仪器模式后，可查看测试仪的基本信息，包括测试仪型号、版本、基本带宽等相关信息，如图 7-2-13 所示。

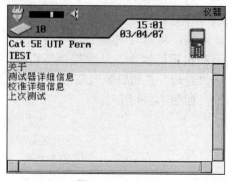

图 7-2-13　仪器

（14）分析模块提供了所有电气参数的单项测试功能，包括有接线图、电阻、长度、电容、近端串扰、衰减、回波损耗、阻抗等，如图 7-2-14 所示。

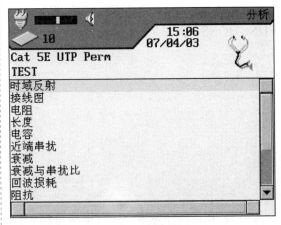

图 7-2-14 分析模块

（15）光缆类型及电缆类型模式，在进行任何测试前，都需要选择正确的电缆或光缆类型，此时就需要使用电缆和光缆类型模式，如图 7-2-15 所示。

（16）线缆测试完成后，需要使用测试厂商提供的测试报告生成软件，将测试记录以报告的形式导出到电脑中，并交付用户。测试报告打印完成后可对测试内容进行具体分析，包括余量、极限值等相关内容，从而判断工程的完成质量。

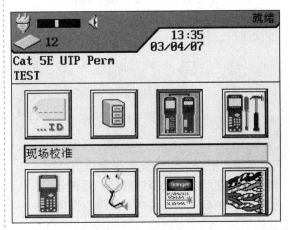

图 7-2-15 光纤类型及电缆类型

（17）DTX 系列认证测试仪采用旋钮的方式在各个模式之间进行切换，具体模式包括 SPECIAL FUNCTIONS、SETUP、AUTO TEST、SINGLE TEST、MONITOR，如图 7-2-16 所示。

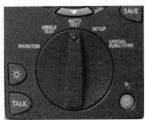

图 7-2-16 测试模块旋钮

（18）将旋钮转动至 SPECIAL FUNCTIONS，如图7-2-17所示。

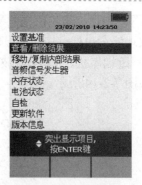

图7-2-17　功能设置选项列表

（19）在进行测试前，一般需要首先对仪器进行"设置基准"，如图7-2-18所示。建议一个月左右进行一次仪器校准。如果使用永久链路适配器，则每半年校准一次即可。

图7-2-18　设置基准

（20）根据实际情况选择合适的适配器接口，在此我们选择链路接口适配器，如图7-2-19所示。（注："光缆模块"是在切换测试光纤之前需要选择的校准接口）

图7-2-19　选择适配器

（21）按照仪器屏幕上显示的连接一个永久链路适配器和通道适配器，按下"TEST"键，开始设置基准，完成后按下"确定"键结束，如图7-2-20所示。

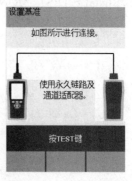

图7-2-20　连接并测试

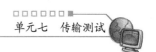

（22）在进行测试前一般需要选择一个对应的测试标准，将旋钮转动至"Setup"模式，挑选被测对象为"双绞线"（或按需选择其它介质，方法类似），如图7-2-21所示。

图 7-2-21　测试对象选项

（23）选择测试极限值，即测试标准，如图7-2-22所示。

图 7-2-22　设置极限值

（24）例如选择 TIA 组织定义的测试标准 TIA Cat6 Perm Link 标准，如图7-2-23所示。

图 7-2-23　选择永久链路标准

（25）选择了正确的测试极限值后，可根据实际情况选择线缆类型，如 Cat 6 UTP 电缆，此外还可对线缆的 NVP 值、插座配置等内容进行设置，如图 7-2-24 所示。

图 7-2-24　线缆类型设置

（26）相关选项确定后，可将旋钮置于自动测试档"AUTOTEST"模式回到初始开机界面，按下白色"TEST"键，开始测试，如图 7-2-25 所示。9 秒完成六类链路测试。如果链路有问题则仪器自动进入诊断分析。

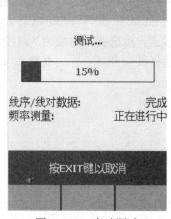

图 7-2-25　自动测试

（27）测试完成后将显示测试结果，可以按照提示条的提示进入查看每个测试参数，如图 7-2-26 所示。

（28）自动测试完成后，可按下"SAVE"键保存结果。查看保存的结果则可以通过 SPECIAL FUNCTIONS 选项中的"查看→删除结果"选项查看相关结果。

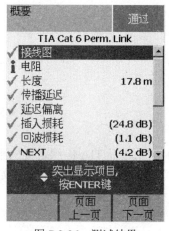

图 7-2-26　测试结果

（29）选择列表中的"查看→删除结果"选项可在其中对测试文件夹和文件进行查看和删除操作，并可更改文件夹来查看测试文件，也可以进行各个不同测试结果存储分类，如图 7-2-27 所示。

图 7-2-27　文件列表

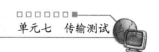

（30）在测试文件列表中使用方向键选择具体的测试结果，并使用回车键查看测试的详细内容，包括该条测试是否通过，测试的链路模型，各种电气参数的测试结果等，如图 7-2-28 所示。

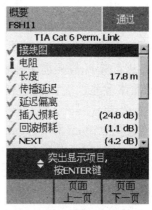

图 7-2-28　具体测试内容

（31）使用 USB 连接线将测试记录导出到电脑中，并使用测试报告生成软件来生成相关的测试报告，进而对结果进行分析。

相关知识与技能

1．测试分类

从工程的角度来说，测试一般可分为两种：验证测试和认证测试。

验证测试是综合布线施工过程中必不可少的环节，验证测试是指施工人员在施工过程中边施工边测试，其目的是解决综合布线过程中电缆的安装问题，杜绝在施工过程随机产生的网络问题。验证测试使用相对简单的测试工具，只要能大致了解安装电缆的连通性、支持的速度并提示有无安装错误和性能（串扰/回波损耗）明显下降点就可以了。通过此类测试能及时了解施工的工艺水平，及时发现施工过程中出现的各种问题，使问题能得到及时的纠正，不至于等到工程完工时才发现问题，导致返工，耗费大量的人力和物力。认证测试是指电缆除了连接正确外，还需要满足相关的标准，即相应电缆的电气特性（如衰减，近端串扰，回波损耗等）是否达到有关规定所要求的标准。

2．测试仪生产厂商介绍

目前综合布线工程中的竣工验收环节，已经越来越被用户关注和重视，只有通过测试，并符合相应标准的工程才能被认可。而相关测试仪器的使用也被普遍推崇，目前测试仪器的生产厂商主要有两家，分别是理想和福禄克。以下分别对这两家厂商的测试仪器进行介绍。

（1）理想（IDEAL）

美国理想工业公司（IDEAL INDUSTRIES INC.）由创始人 Walter Becker 先生于 1916 年，在芝加哥创立。物超所值，注重服务是 IDEAL 的一贯经营理念，此理念始终贯穿于企业运营的 90 年间。IDEAL 的总部位于美国伊利诺伊州欣克摩尔市。IDEAL 生产超过 6500 种成熟可靠的高性能电子产品，其中一些产品因功能独特已成为了专业的代名词。IDEAL 产品主要种类包括数据通信测试产品、电气测试与测量仪表、导线连接器、线缆安装和管理产品、工具和工具包以及 OEM 业务。它们已成为专业人士手中不可或缺的工具，并且巩固了 IDEAL 作为世界领先而且值得信赖的电子产品制造商的地位。2004 年，IDEAL 成功收购英国 Trend

Communications 通信测试公司。IDEAL 现可提供局域网，接入网和广域网通信测试仪表。下面介绍几款 IDEAL 的验证和认证测试设备。

SIGNALTEK-FO 线缆/光纤性能测试仪

该设备可进行光纤与铜缆千兆性能测试（按 IEEE 802.3 标准，对光纤与铜缆链路进行测试）、多媒体千兆性能测试（测试 VoIP、视频、网页浏览等业务在光纤上的应用）、误码率 BER 及光衰减测试（对光链路进行比特错误率测试，并测量光功率衰减值）、双波长测量（支持使用 850nm 和 1300nm 波长的所有局域网光链路测试应用）、使用小型可插拔光模块（小巧、现场可更换）、可存储数千条测试报告（使用内存或 U 盘存储测试报告以供打印）。

LANTEK 系列线缆认证测试仪

LANTEK 系列线缆认证测试仪是美国理想工业公司推出的全中文操作界面的局域网线缆认证测试设备。LANTEK 系列测试仪，采用多项专利技术，其先进的链路适配器及嵌入式安装方式，有效降低了购买、使用、维护及管理的费用，并构成稳定、牢固的测试平台。用户只需通过标准跳线将测试仪与被测链路相连，即可完成标准规定的所有测试模型的测试，无需改变适配器。适配器不外露，减少了受损的可能，使维护成本大为降低，测试仪如图 7-2-29 所示。

图 7-2-29　LANTEK 认证测试仪

该系列中的 LANTEK 6 系列测试仪，其带宽可达 350MHz，完全符合六类/ISO E 级布线测试要求，执行完整的六类/ISO E 级自动测试，只需 21 秒。LANTEK 7G 系列认证测试仪其测试带宽更可达到 1GHz，从而满足并超过超六类及 ISO F 级标准。同时两种系列的测试仪均可向下兼容三、五、超五 E 各类布线测试。

（2）福禄克（Fluke）

美国的福禄克（Fluke）公司由约翰·福禄克（John Fluke）先生于 1948 年创立，是制造和销售专业电子测试仪器的跨国公司。福禄克公司以紧凑精密型专业电子测试仪器著称于世。福禄克公司总部设置在美国华盛顿州的埃弗里特市，公司在美国和荷兰设有研究开发及生产制造中心，在我国也设立了 5 个办事处，分别在北京、上海、广州、成都和西安。以下主要介绍几款 Fluke 公司的验证、认证和网络分析仪。

MicroScanner II 多功能电缆测试仪

MicroScanner II 电缆检测仪创新地改进了音频、数据和视频电缆测试。它首先从四种测试模式中获取结果，并在一个屏幕上显示具体内容（包括图形化布线图、线对长度、到故障点的距离、电缆 ID 以及远端设备）。而且，它的集成 RJ-11、RJ-45 和同轴电缆测试端口几乎支持任何类型的低压电缆测试，而不需要更换笨拙的适配器。最终结果就是减少了测试时间和技术错误，从而可以实现比以前更加有效的高质量安装。

DTX 系列电缆认证分析仪

福禄克网络公司最新推出的 DTX 系列电缆认证分析仪，这类认证测试仪通过提高测试过程中各个环节的性能，大大缩短了整个认证测试的时间，测试仪如图 7-2-30 所示。

作为福禄克公司认证测试仪的主推产品，其具有很多优点，大体包括完成一次六类链路自动测试的时间比其他仪器快 3 倍，进行光缆认证测试时快 5 倍。DTX 系列还具有 IV 级精度、以及智能故障诊断能力、900MHz 的测试带宽、12 小时电池使用时间和快速仪器设置，并可以生成详细的中文图形测试报告。在研发该系列认证测试仪时，研发人员就遵循了一条基本原则，那就是时间就是金钱，为了加快用户的测试时间，大大提高了该款测试仪的性能，从而满足实际工程的需要。

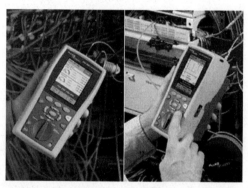

图 7-2-30　DTX 认证测试仪

OptiView III系列集成式网络分析仪

OptiView 系列集成式网络分析仪将用户所需的所有网络监测及故障诊断功能集成在一台手持式仪器中，包括高性能的协议分析仪、快速电缆测试仪以及光纤检测仪等，如图 7-2-31 所示。

图 7-2-31　OptiView 网络分析仪

思考与练习

1．简述 LANTEK 认证测试仪主要包括哪几个功能模块。

2．简述验证测试和认证测试的区别。

3．简述 DTX 认证测试仪电缆、跳线测试模块的功能和作用。

任务三　网络线路常见故障现象分析及排除

任务描述

　　某综合布线承包商在进行日常的工程测试时，经常会遇到各种各样的故障现象，为了能保证工程进度，希望能针对故障现象立即进行故障排除。现要求你对各类故障现象进行总结，并提出相关的故障排除方案。

任务分析

　　本任务需要对各类故障现象的实质有一个全面的分析和判断，并能根据实际故障现象提出相关的解决方案。

方法与步骤

1．接线图故障

　　接线图故障是工程施工时最容易遇到的故障之一，常见的故障现象有开路、跨接、反接和串绕。开路是指电缆内一根或多根线缆已经被折断或接续不完全时就会出现的故障。跨接是指一端的1、2线对接在另一端的3、6线对，而3、6线对接在了另一端的1、2线对，实际上就是一端使用568A的接线标准，另一端则使用568B的标准，这种接法一般用在网络设备之间的级联或两台电脑之间的互连，也就是平常所说的反线。当一个线对的两根导线在电缆的另一端被连接到这一端相反的针上时，就会出现反接现象。串绕是指虽然保持了线缆的连通性，但实际上两对物理线对被拆开后又重新组合成新的线对，最典型的串绕案例就是施工人员不清楚正确的接线标准，而按照1、2、3、4、5、6、7、8的线对关系进行接线而造成串绕现象。相关故障结果图如图7-3-1所示。

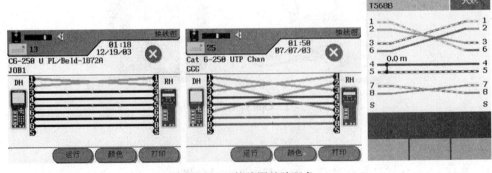

图7-3-1　接线图故障现象

2．插入损耗故障

插入损耗（即衰减）是信号能量沿基本链路或通道损耗的量度，它取决于电缆的电阻、电容、电感的分布参数和信号频率，随频率的增高而增大、随温度的升高而增长、随线缆长度的增大而增高，其单位为分贝（dB）。信号衰减到一定程度，将会引起链路传输的信息不可靠。引起衰减的原因还有集肤效应、阻抗不匹配、连接电阻以及温度等因素。在现场测试中发现衰减不通过往往与两个原因有关，其一是测试链路过长，其二是链路阻抗异常，过高的阻抗消耗了大量的信号能量，使得接收端无法判读信号。相关结果图如图 7-3-2 所示。

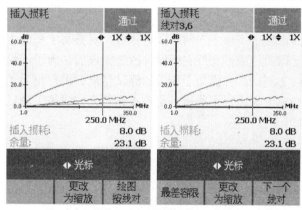

图 7-3-2　插入损耗故障

3. 串扰类（如 NEXT）故障

近端串扰又被称为线对之间的串扰。定义近端串扰值和导致该串扰的发送信号之差值为近端串扰（NEXT）。一般测试时会对所有线对的组合都进行测试即双向测试，对近端串扰的测试要在链路的两端各进行一次，总共需要测试 12 次，NEXT 的单位是分贝（dB）。

导致串扰过大的原因主要有两类。其一是选用的元器件不符合标准，如购买了伪劣产品或不同标准的元器件混用等；其二是施工工艺不规范，常见的有施工时电缆的牵引力过大，破坏了电缆的绞距，接线图错误等。相关故障结果图如图 7-3-3 所示。

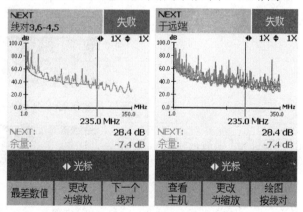

图 7-3-3　近端串扰故障

🎓思考与练习

1. 简述接线图故障分为哪几种。
2. 简述产生插入损耗不合格的原因。
3. 简述导致近端串扰不合格的原因。

 任务四　测试光纤线路的传输质量

任务描述

　　某综合布线施工商承接了一项主干网络改造任务，对某写字楼的主干网络进行改造，将原先的大对数电缆主干网改造成了光纤主干网。改造完成后，为了确保工程质量，施工商测试部门对工程进行了竣工测试，并提交了相关的测试结果。用户也为了能确保工程质量，聘请了某第三方测试中心对工程进行了测试。现要求你首先完成竣工测试，并协助第三方测试中心对工程进行测试。

任务分析

　　该任务主要是对光纤主干链路进行测试，因此首先需要了解光纤链路的组成、光纤测试仪器的基本使用等内容。

方法与步骤

　　（1）施工商拥有的测试仪器是FLUKE 的认证测试仪和测试模块，测试前首先选择"SETUP"模式。在该模式下选择"光纤损耗"选项，并选取正确的光缆类型，界面如图 7-4-1 所示。

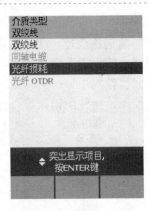

图 7-4-1　选择光纤链路

　　（2）选择了"光纤损耗"选项后，需要首先确定测试极限值，选中"测试极限值"选项，并按回车（ENTER）键确认，如图 7-4-2 所示。

图 7-4-2　选择测试极限值

（3）选中"测试极限值"选项后，可进入下级列表，在该列表中选择"China"选项，如图 7-4-3 所示。

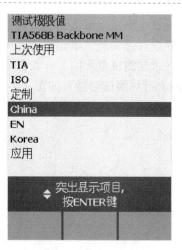

图 7-4-3　确认标准类型

（4）进入下级列表后，可查看该款测试设备所拥有的光纤测试标准，在其中选取正确的测试标准，例如在此任务中选择 GB50312—2007 Fiber Link，如图 7-4-4 所示。

图 7-4-4　确定标准

（5）确定了测试极限值后，还需要确定光纤类型。由于此项任务中主干光纤网络使用的光纤类型是 $62.5\mu m$ 的多模光纤，因此选择的光纤类型是 Multimode 62.5，如图 7-4-5 所示。

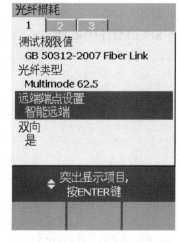

图 7-4-5　确定光纤类型

（6）确认了测试极限值和光纤类型后，还需要进行远端测试单元设置等内容的设置（远端测试单元用于一次性完成双向、双光纤等测试功能），如图 7-4-6 所示。

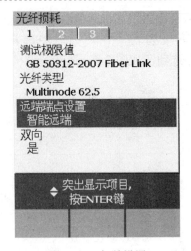

图 7-4-6　相关设置

（7）设置完成相关的测试极限值、光纤类型等内容后，还需要选择第 2 个标签。在该标签中需要对适配器数目、熔接点数目、连接器类型等内容进行设置，如图 7-4-7 所示。

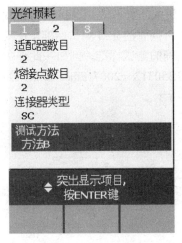

图 7-4-7　其他设置

（8）完成相关参数设置后，需要将旋钮转动至 SPECIAL FUNCTIONS，开始设置基准，如图 7-4-8 所示。

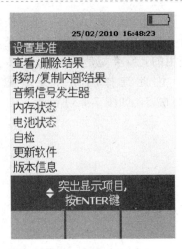

图 7-4-8　开始设置基准

（9）进入设置基准选项，在其中选择"光缆模块"选项，如图7-4-9所示。

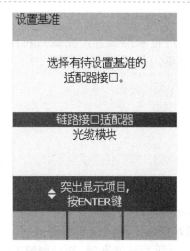

图7-4-9 光缆模块选择

（10）选择了光缆模块后，屏幕将出现具体连接界面，将两对测试跳线(共4根)中的每对测试跳线各挑出一根按图连接,跳线上的红色标记连接模块的"OUTPUT"端，黑色标记端连接"INPUT"端，如图7-4-10所示。

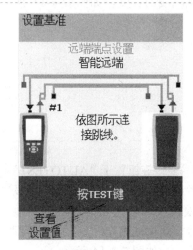

图7-4-10 光缆连接

（11）连接效果图如图7-4-11所示。

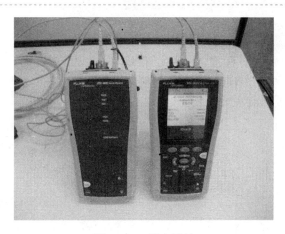

图7-4-11 设备连接

（12）连接完成后按下"TEST"键，开始进行基准设置，完成后将显示相关结果，如图 7-4-12 所示。

图 7-4-12　基准设置

（13）完成了测试仪基准测试后，还需要进行跳线长度设置，按功能键 F1 设置测试跳线的长度，如图 7-4-13 所示。

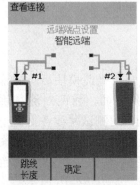

图 7-4-13　跳线长度设置

（14）旋转旋钮置于"AUTOTEST"档位准备进行测试。用没有参与基准设置的两根跳线和参与基准设置的两根跳线连接好两根被测光纤，按"TEST"键开始测试，如图 7-4-14 所示。

注 意

设置基准后测试跳线不能从 OUTPUT 端拔下，切换测试方向时只插拔跳线另一端。

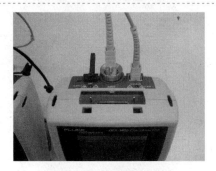

图 7-4-14　光缆连接及测试界面

（15）一个方向测试完成后屏幕提示交换测试跳线插入位置再测试另一个方向（因为一根光纤的衰减值两个方向是不同的，都要进行测试），切换好后，按 F2"确定"键继续完成另一个方向的测试，如图 7-4-15 所示。

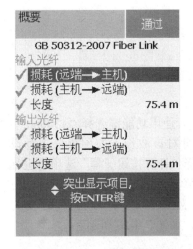

图 7-4-15　双向测试

（16）双向测试完成后即可得到相关结果，按下"SAVE"键可保存结果。保存及查看报告的方法同电缆测试，如图 7-4-16 所示。

图 7-4-16　测试结果

（17）施工商自我测试完成后，用户又聘请了一家第三方测试公司对相同的链路进行了测试。该公司采用的仪器是 LANTEK 认证测试仪及相关的测试模块，仪器如图 7-4-17 所示。

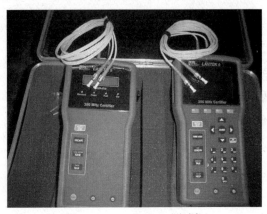

图 7-4-17　LANTEK 测试仪

（18）测试前首先需要选择光纤链路类型。选择测试仪主界面中的"光纤"选项，选择其中的"MM 850/1300nm"选项开始对光纤链路进行测试，如图7-4-18所示。

图 7-4-18　光纤链路选择

（19）测试了光纤链路后，可根据实际情况设置损耗预算。使用功能键选择"损耗预算"选项，可在其中设置不同波长情况下的预算值，如图 7-4-19 所示。

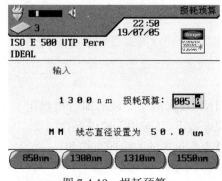

图 7-4-19　损耗预算

（20）使用功能键选择"1300nm"选项则可对该波长下的预算值进行设置，选择"计算按钮屏幕"选项将进行自动计算界面，选择"62.5"选项则可将当前测试标准线芯直径更改为62.5μm，如图7-4-20所示。

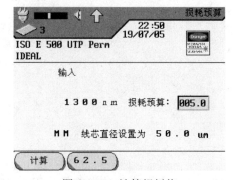

图 7-4-20　计算损耗值

（21）使用功能键选择了计算按钮后，可进行损耗值的计算，如图7-4-21所示。

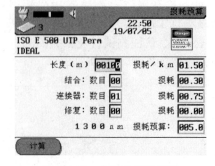

图 7-4-21　自动计算损耗值

（22）测试前需要进行现场校验，在主界面选择现场校验按钮，并将 2 根测试跳线通过耦合器进行连接，主机端的 TX 端应连接远端的 RX 端，主机端的 RX 端应连接远端的 TX 端，如图 7-4-22 所示。

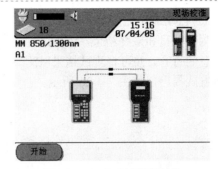

图 7-4-22　自动计算损耗值

（23）现场校准结束后屏幕将会有提示，显示校验是否通过，如图 7-4-23 所示。

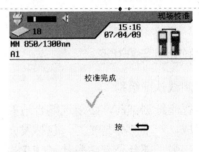

图 7-4-23　完成校验

（24）根据光纤链路测试模型，使用光纤跳线将测试仪与被测光纤链路进行连接，如图 7-4-24 所示。

💡 **注 意**

连线时请注意主机端的 TX 端应连接远端的 RX 端，主机端的 RX 端应连接远端的 TX 端。

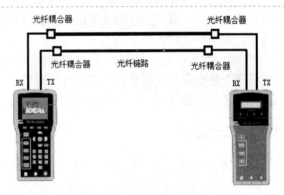

图 7-4-24　光纤链路连接

（25）选择正确的光纤链路，并进行正确的链路连接，即可使用自动测试按钮对光纤链路进行测试，测试结果将会显示在屏幕上，包括衰减和长度测试，如图 7-4-25 所示。

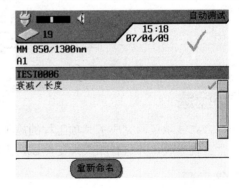

图 7-4-25　自动测试结果

（26）自动测试完成后不仅可查看测试的测试项目和最终结果，还可进行详细信息的查看，并可将测试结果以测试报告方式导出，如图 7-4-26 所示。

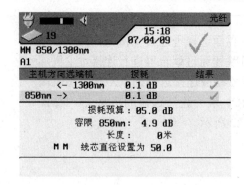

图 7-4-26　详细结果

相关知识与技能

光纤测试认证级别

在进行光纤测试前，必须选购合适的光纤测试设备，即光纤测试仪。一般此类设备由两个部分组成，一个部分是光源，包括发光二极管（LED）和半导体激光，光源主要用于发送测试信号。另一部分是光功率计（OLTS），它负责测量接受到的信号。

光纤测试比跳线测试和链路测试难度都大，在进行光纤测试前必须首先了解光纤的测试等级及测试内容。所谓光纤测试等级是指在现场进行光纤测试时的测试级别，一般可分为两个级别，即等级 1 和等级 2。

等级 1 是指对光纤只进行衰减和长度测试，使用的设备有光源和光功率计等。

等级 2 是指除了衰减及长度测试外还可以进行 OTDR 曲线测试，记录光纤链路中的各种"事件"。进行等级 2 测试时需要使用到光时域反射计。

思考与练习

1．简述 FLUKE 认证测试仪在进行光纤基准设置时的跳线连接方式。
2．简述光纤链路双向测试的好处。
3．简述光纤测试级别。

任务五　工程验收和竣工

任务描述

某综合布线承包商完成了某项工程的施工，现需要将工程交付用户使用。在进行交付前需要进行工程验收，并进行相关竣工测试，现要求你完成此项任务。

任务分析

此项任务的完成首先要了解相关工程竣工验收的操作流程，并能对各类测试结果和测试报告进行分析和解读。

方法与步骤

工程竣工验收实施步骤一般可分为以下 6 个阶段：

① 完成布线测试后开始验收；

② 资料审查，竣工文档应内容齐全、数据准确、外观整洁；

③ 单项结论，根据验收情况作出单项验收结论；

④ 不合格项处理，验收中发现不合格的项目，应查明原因、分清责任、提出解决办法，并进行整改；

⑤ 整改重验，对不合格项经整改后重新验收；

⑥ 验收结论，由验收单位根据验收情况作出验收结论。

相关知识与技能

测试报告生成软件介绍

工程竣工验收时，都必须向用户提供一份竣工测试报告，该测试报告将代表工程质量。因此如何将测试记录从测试设备中导出就显的非常重要，各家测试设备生产厂商都提供了各自的测试报告生成软件，如图 7-5-1 所示就是 FLUKE 公司提供的测试报告生成软件 LinkWare。

图 7-5-1　LinkWare 软件界面

FLUKE 公司提供的 LinkWare 软件，能将测试仪器中的测试记录导出到电脑中，并以不同的格式形成报告，具体包括 PDF 格式、CSV 格式和 XML 格式，该软件最主要的功能是数据导入功能和报告生成功能，以下就围绕这两大功能进行介绍。

1. 数据导入

首先使用连接线将电脑与测试仪进行连接，安装 LinkWare 软件，并运行软件。首次运行时该软件的版本界面为英文版，可选择软件的 Option 菜单，在其中选择 Languege 选项，并在其中选择简体汉字 Simplifidied Chinese，将界面切换到中文，初始软件界面如图 7-5-2 所示。

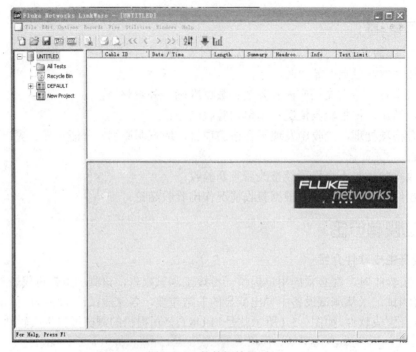

图 7-5-2　软件初始界面

　　选择工具栏上的红色箭头图标从测试仪导入测试记录，在导入记录时可选择导入所有记录或者按需要选择部分记录导入，操作界面如图 7-5-3 所示。

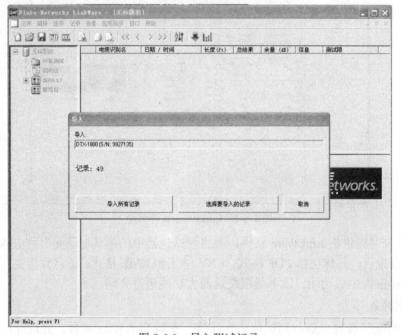

图 7-5-3　导入测试记录

　　测试记录导入后，可在屏幕上显示所有测试仪中的测试记录，并可逐条查看记录的详细结果和相关属性，操作界面如图 7-5-4 所示。

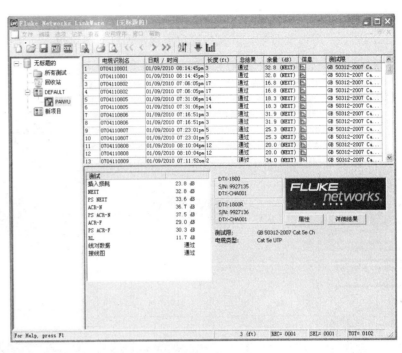

图 7-5-4 查看测试结果

2. 报告生成

测试记录导入后，可将测试记录以不同的格式导出到电脑中，一般最常见的报告格式为 PDF 格式。具体操作步骤是单击格式栏上的红色 PDF 图标，将导入的记录存为 PDF 格式，操作界面如图 7-5-5 所示。

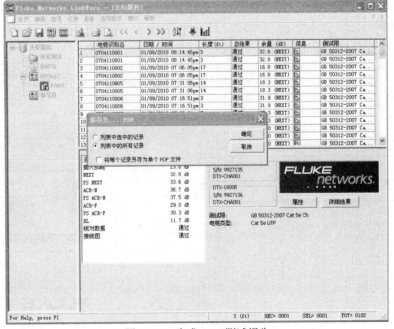

图 7-5-5 生成 PDF 测试报告

3. 打印测试报告

测试报告生成后，一般需要打印，并交付用户审核，通过对测试报告的解读可以了解工程的完成质量，打印的测试报告如图 7-5-6 所示。

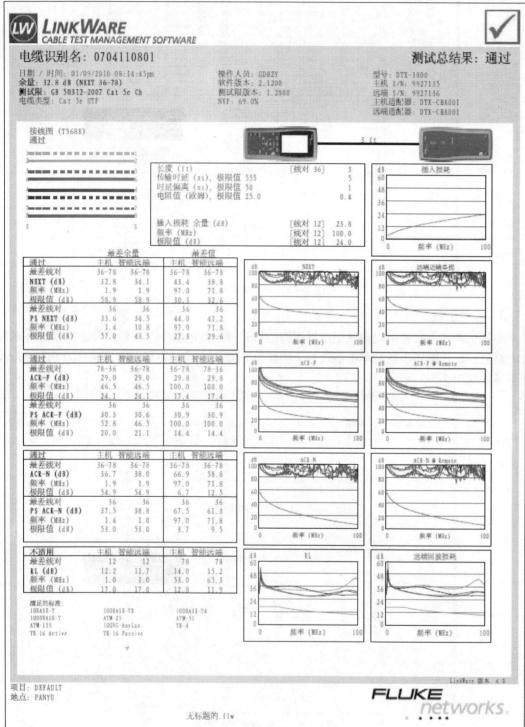

图 7-5-6　测试报告

思考与练习

1. 简述测试报告的主要作用。
2. 简述工程竣工验收的基本流程。
3. 简述如何使用 LinkWare 软件生成测试报告。

▶ 项目实训　传输测试

项目描述

掌握认证测试仪的基本使用方法，并学会光纤链路的认证测试和相关故障的分析和排除。

项目要求

学会使用认证测试仪，学会进行元器件测试，能进行故障分析和简单故障排除。

项目提示

能对相关测试仪器的使用熟练掌握。

项目评价

项目实训评价表

	内　　　容		评　　价		
	学习目标	评价项目	3	2	1
职业能力	连接线和模块传输项目测试	能使用测试仪进行测试			
	能熟练掌握认证测试仪的使用	能掌握 LANTEK 测试仪的使用			
		能掌握 FLUKE 测试仪的使用			
	能进行故障分析和简单排除	可以对简单故障进行分析和排除			
通用能力	动手能力				
	解决问题能力				
综合评价					

单元八

光纤熔接技术

光纤熔接技术是综合布线工程中光纤连接的一种常用技术，主要使用电极放电将断开的光纤重新融合连接，在各类综合布线工程中被普遍应用。

本单元主要任务：了解光纤熔接技术的基本原理和各类熔接设备，学会使用熔接机进行光纤熔接，学会搭建和测试光纤链路。

能力目标

- 光纤熔接操作
- 光纤链路搭建和测试

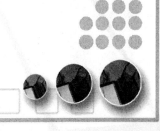

任务一　光纤熔接的原理

任务描述

某综合布线承包商承接了一项综合布线工程，在此项工程中包含了 50 个光纤熔接点的操作，为了能更好地完成光纤熔接操作，现要求你了解光纤熔接的基本原理和相关工具。

任务分析

工程中包括的熔接任务需要使用熔接机来进行操作，因此首先需要通过资料了解各类熔接设备、相关耗材和配件等情况。

方法与步骤

（1）为了完成此项任务首先需要了解相关熔接设备，其中最重要的设备就是熔接机，如图 8-1-1 所示。

图 8-1-1　熔接机

（2）在进行光纤熔接时除了熔接机外还需要准备各类基本工具，包括开缆刀，钳子等，如图 8-1-2 所示。

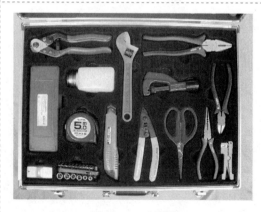

图 8-1-2　工具箱

（3）在进行光纤熔接时还需要使用切割刀，通过切割刀可使预熔接光纤的端面平整，如图 8-1-3 所示。

图 8-1-3 切割刀

（4）在进行光纤处理时需要使用光纤剥线钳，剥除光纤的外表皮和涂覆层，如图 8-1-4 所示。

图 8-1-4 剥线钳

（5）光纤熔接技术主要应用在室外光纤和室内光纤的连接处，因此一般需要使用光纤尾纤和热缩套管，如图 8-1-5 所示。

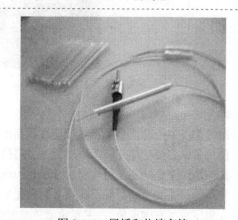

图 8-1-5 尾纤和热缩套管

相关知识与技能

光纤熔接技术

光纤熔接技术是在高压电弧的作用下将两根需要熔接的光纤重新融合在一起的技术，熔接是把两根光纤的端头熔化后连接到一起。光纤熔接后，光线能在两根光纤之间以极低的损耗传输，一般小于 0.1dB。光纤熔接技术中最主要的设备就是光纤熔接机，其基本结构如图 8-1-6、图 8-1-7 所示。

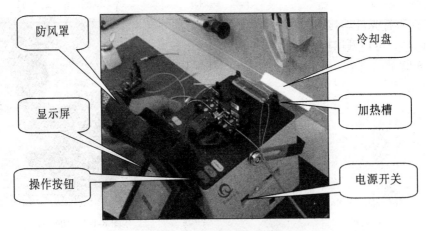

图 8-1-6　熔接机外部结构

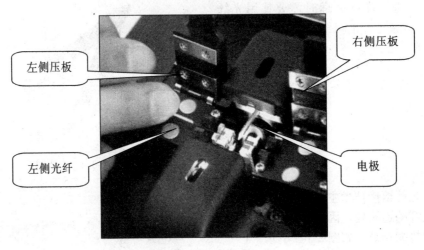

图 8-1-7　熔接机内部结构

功能说明：

冷却盘：主要功能是可将热缩套管放在冷却盘上进行冷却。

防风罩：主要功能是防止风对于光纤熔接的影响。

加热槽：主要功能是对热缩套管进行加热操作。

显示屏：主要功能是显示各类参数设置界面。

左侧压板（右侧压板）：主要功能是固定需要熔接的光纤或尾纤。

电极：主要功能是放电进行光纤的熔接操作。

思考与练习

1. 简述光纤熔接技术的主要原理。
2. 简述光纤熔接中使用的切割刀作用。
3. 简述光纤熔接中使用到的热缩套管的作用。

任务二 光纤熔接机的使用

任务描述

公司发生网络故障，根据检修发现是光缆链路中有一段光纤断裂，现需要使用光纤熔接设备将断裂的光纤重新熔接。

任务分析

根据检修发现是光纤断裂导致的公司网络瘫痪，因此需要你使用光纤熔接设备进行光纤熔接操作。为了能更好地完成此次任务，需要进行的准备工作包括：

① 了解光纤熔接的基本原理。

② 学会使用光纤熔接机进行光纤熔接操作。

③ 能进行简单的光纤链路测试。

方法与步骤

（1）在此项任务中最主要的设备就是光纤熔接机，如图8-2-1所示。

图 8-2-1　光纤熔接机

（2）在光纤熔接前首先需要在熔接机上进行程序设置，包括光纤类型、熔接程序、放电时间等，如图8-2-2所示。

图 8-2-1　熔接程序设置

（3）使用光纤剥线钳将光纤外表皮剥离。剥线时首先使用光纤剥线钳的大口在光纤外表皮上剪一刀，然后将外表皮剥离，如图 8-2-3 所示。

图 8-2-3　剥光纤外表皮

（4）使用光纤剪刀剪去光纤的涂覆层，即凯夫拉层，如图 8-2-4 所示。

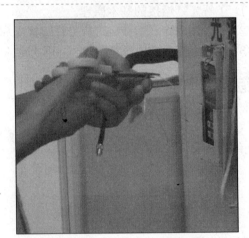

图 8-2-4　出除光纤涂覆层

（5）在光纤上安装热缩套管，热缩套管的作用主要是保护光纤，如图 8-2-5 所示。

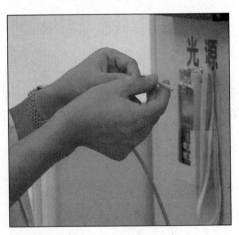

图 8-2-5　安装热缩套管

（6）使用光纤剥线器剥去光纤的外表皮和涂覆层，使用光纤剥线器小口分两次剥去光纤的表皮和涂覆层，如图 8-2-6 所示。

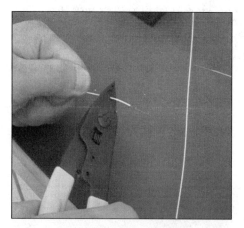

图 8-2-6 剥去光纤涂覆层

（7）使用酒精棉清理光纤表面，清除光纤碎屑，如图 8-2-7 所示。

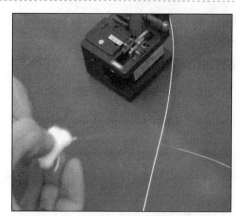

图 8-2-7 清洁光纤表面

（8）将光纤放入光纤切割刀，并使用压板进行固定，如图 8-2-8 所示。

图 8-2-8 切割准备

（9）将光纤切割刀的底部滑块往前推，进行光纤端面切割，如图8-2-9所示。

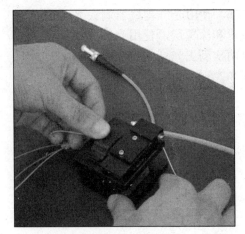

图 8-2-9　切割

（10）将切割完成后的光纤放置在光纤熔接机的一端，并使用压片进行固定，如图8-2-10所示。

图 8-2-10　放置光纤

（11）光纤熔接机的另一端光纤也进行剥线，端面切割操作，同样使用压片进行固定，放置光纤时注意应将光纤放在两根电极之间，如图8-2-11所示。

图 8-2-11　压制光纤

（12）使用熔接机上的调整按钮对线芯进行调整，可选择自动对芯或者手动对芯，如图 8-2-12 所示。

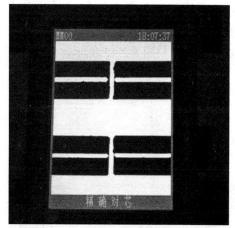

图 8-2-12 自动对芯

（13）按下熔接按钮对光纤进行熔接操作，一般情况下，熔接完成后其估算损耗应低于 0.01dB，如图 8-2-13 所示。

图 8-2-13 熔接

（14）熔接完成后，轻轻地移动热缩套管至熔接区域，如图 8-2-14 所示。

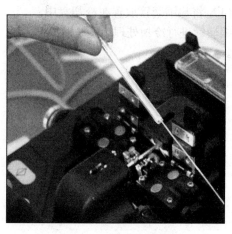

图 8-2-14 调整热缩套管

（15）将热缩套管放置在加热盘中，使用熔接机上的加热按钮对热缩套管进行加热处理，如图 8-2-15 所示。

图 8-2-15　准备加热

（16）热缩套管加热完成后，熔接机上的红色按钮（见图 8-2-6）会自动熄灭，说明加热完毕。

图 8-2-16　加热

（17）将热缩套管放置在冷却盘中，对热缩套管进行冷却处理，如图 8-2-17 所示。

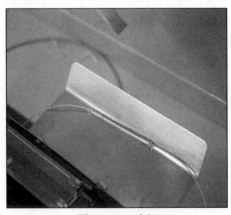

图 8-2-17　冷却

（18）光纤熔接操作完成后，可将光纤固定在光纤配线盘中，并将其与耦合器进行连接，如图 8-2-18 所示。

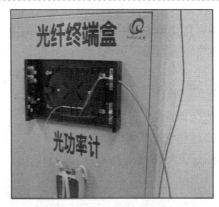

图 8-2-18　光纤配线盘安装

（19）光纤测试标准分为等级 1 和等级 2，简易光纤测试可使用 LED 光源对光纤进行测试，可在光纤链路的另一端看到有明显的光线射出，如图 8-2-19 所示。

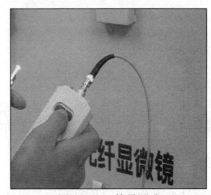

图 8-2-19　简易测试

相关知识与技能

1. 光纤的连接技术

光纤的连接方式包括永久连接、机械连接和活动连接。

永久光纤连接是指用放电的方法将两根光纤的连接点熔化并连接在一起。一般用在长途接续、永久或半永久固定连接。其主要特点是连接衰减在所有的连接方法中最低。但连接时，需要专用设备（熔接机）和专业人员进行操作，而且连接点也需要用专用容器保护起来。

机械连接主要是用机械和化学的方法，将两根光纤固定并粘接在一起。这种方法的主要特点是连接迅速可靠。但连接点长期使用会不稳定，衰减也会大幅度增加，所以只能短时间内应急用。

活动连接是利用各种光纤连接器件（插头和插座），将站点与站点或站点与光缆连接起来的一种方法。这种方法灵活、简单、方便、可靠，多用在建筑物内的计算机网络布线中。

2. 光纤检测方法

光纤检测的主要目的是保证系统连接的质量，减少故障因素以及故障时找出光纤的故障点。检测方法很多，主要分为人工简易检测和精密仪器检测。

人工简易检测主要是用于快速检测光纤的通断和施工时用来分辨所做的光纤。它是用一个简易光源从光纤的一端打入可见光，从另一端观察哪一根发光来实现。这种方法虽然简便，但它不能定量检测光纤的衰减和光纤的断点。

精密仪器测量是使用光功率计或光时域反射图示仪（OTDR）对光纤进行定量检测，可测出光纤的衰减和接头的衰减，甚至可测出光纤的断点位置。这种检测可用来定量分析光纤网络出现故障的原因和对光纤网络产品进行评价。

思考与练习

1．简述本次实训中所使用的设备。
2．简述热缩套管的基本功能。
3．简述光纤熔接的基本操作步骤。

任务三　光纤链路搭建及检测

任务描述

某综合布线承包商承接了一项综合布线工程，在此项工程中需要进行一段光纤链路的搭建工作，具体工作包括室外光纤的铺设，使用光纤熔接机完成室外光纤和室内光纤的连接，光纤终端盒的安装，对光纤链路进行简单的测试。

任务分析

在此项任务中室外光纤的铺设由公司专人完成，你只需完成的是室外光纤和室内光纤的熔接工作，光纤终端盒的安装工作，以及光纤链路的测试工作。光纤熔接操作在本单元的任务二中已进行了介绍，因此本任务需要完成的就是光纤终端盒的安装和光纤链路的测试。

为了能顺利完成此项任务，需要进行的准备工作包括：

① 了解光纤链路的基本组成。
② 掌握光纤熔接技术。
③ 学会光纤终端盒的安装。
④ 能使用简单的测试工具进行光纤链路的测试。

方法与步骤

（1）在进行光纤链路的搭建前，首先需要了解光纤链路的基本组成。光纤链路包括室外光纤、光纤终端盒、耦合器、尾纤等，如图8-3-1所示。

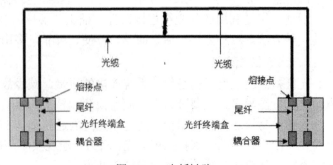

图8-3-1　光纤链路

（2）完成室外光纤和室内尾纤的熔接操作后，将光纤热缩套管卡入光纤终端盒的卡槽中，并将尾纤盘绕到终端盒内，如图 8-3-2 所示。

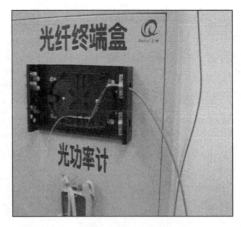

图 8-3-2　固定尾纤

（3）将尾纤的另一端与终端盒内的耦合器连接，如图 8-3-3 所示。

图 8-3-3　连接耦合器

（4）光纤链路一般是成对的，一条链路接收，一条链路发送。因此在光纤链路中应该进行成对铺放，两对链路安装完成后就可盖上光纤终端盒，如图 8-3-4 所示。

图 8-3-4　安装盖板

（5）光纤链路铺设完成后可使用简单的测试工具进行光纤链路的测试，可将测试电源和光纤连接线进行连接，开启电源可看到红光从光纤连接线的另一端射出，如图 8-3-5 所示。

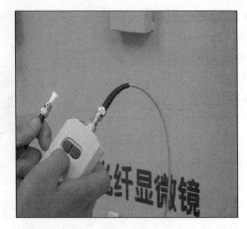

图 8-3-5　开始测试

（6）将光纤连接线的另一端连接到光纤链路起始的光纤终端盒，如图 8-3-6 所示。

图 8-3-6　连接光纤终端盒

（7）开启测试仪电源，可在光纤链路的末端终端盒上的相对位置看到明显的红光射出，这就说明此段光纤链路正常，未出现断裂的情况，如图 8-3-7 所示。

图 8-3-7　光纤链路测试

（8）通过上述简单测试后，如有红光射出说明光纤链路连接正确，但如果没有红光射出，则说明光纤链路中有故障点存在。这时可使用光纤显微镜对光纤链路中的各个连接点进行端面测试，如图 8-3-8 所示。

图 8-3-8　准备进行端面测试

（9）将各个端面通过显微镜进行观察，可检测出各个端面的平整度，以及是否有灰尘或瑕疵导致了光纤链路的测试未通过，如图 8-3-9 所示。

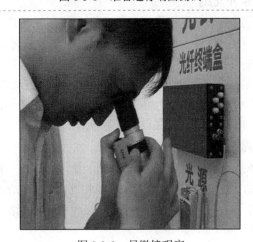

图 8-3-9　显微镜观察

相关知识与技能

1. 光纤链路

光纤链路具体包括室外光缆、光纤终端盒、尾纤、耦合器、光纤连接线等，如图 8-3-10 所示，以下就对各个组成部分进行具体介绍。

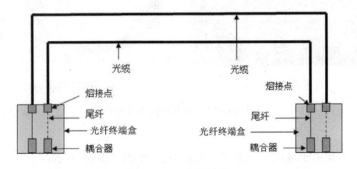

图 8-3-10　光纤链路

2. 光纤终端盒

光纤终端盒具备固定、熔接功能，主要用于实现光缆和尾纤的连接，采用优质电解板，整体静电喷塑处理，结构坚固、外形美观，一般采用可翻转层叠式熔接盘，装拆自如，如图 8-3-11 所示。

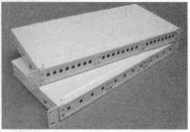

图 8-3-11　光纤终端盒

3. 室外光缆

光缆是由许多根光导纤维组合而成，用来传送光信号。光缆根据应用环境不同,可分为三类:分别是专业光缆,室外光缆和室内光缆。其中专用光缆是指海底光缆,高压电线的空架光缆,核电厂的抗幅射光缆,化工业的抗腐蚀光缆等，如图 8-3-12 所示。光缆从室外到室内的铺设方式有许多,具体包括空架、地下道、直接埋设、管道间铺设等。

4. 尾纤和光纤连接线

尾纤是一种只有一端有连接器，而另一端是一根光缆纤芯的断头，通过熔接与其他光缆纤芯相连，常出现在光纤终端

图 8-3-12　各类室外光缆

盒内如图 8-3-13（a）所示。光纤连接线则是两端都有连接器用于连接光纤链路，如图 8-3-13（b）所示。

（a）尾纤　　　　　　　　　　　（b）光纤连接线

图 8-3-13　光纤连接线及尾纤

5. 耦合器

光纤耦合器主要用于连接尾纤和光纤连接线，如图 8-3-14 所示。

图 8-3-14 光纤耦合器

思考与练习

1. 简述光纤链路的基本组成部分。
2. 简述光纤终端盒的作用。
3. 简述光纤尾纤与光纤连接线的区别。

项目实训 光纤熔接及光纤链路搭建

项目描述

了解光纤熔接的基本原理和光纤熔接机的使用方法，能够进行光纤链路的搭建和测试。

项目要求

① 使用光纤熔接机进行光纤熔接操作。
② 进行光纤链路的搭建及简单测试操作。

项目提示

① 光纤熔接机的操作时需要注意操作步骤。
② 光纤链路搭建时注意各个连接端面的清洁。

项目评价

项目实训评价表

	内　　容		评　　　价		
	学 习 目 标	评 价 项 目	3	2	1
职业能力	光纤熔接	能进行光纤熔接			
		能进行简单测试			
	光纤链路的搭建	能进行搭建			
		能进行简单测试			
通用能力	动手能力				
	解决问题能力				
综合评价					

笔记栏